机器人

操作系统（ROS）基础与应用

主　编　赵　魁　王文成　钟　磊
副主编　张作君　王冠军　黄怀贤
编　委　刘德胜　陈晓伟

哈爾濱工業大學出版社

内 容 简 介

机器人操作系统(Robot Operating System,ROS)已成为机器人领域的主流软件平台与事实标准。本书作为一本 ROS 初学者的入门教程,从工程实际和应用的角度出发,系统地介绍了 ROS 的基本概念与编程开发方法,内容深入浅出,通过精心设计的示例,可以帮助 ROS 零基础的读者在充分了解和掌握 ROS 编程开发方法的基础上,高效地使用 ROS 软件平台进行机器人的编程开发工作。

本书可以作为高等职业技术院校机器人技术、机电一体化、智能制造、人工智能等相关专业的教材,也可以作为其他类型院校相关专业的师生或从事相关工作的工程技术人员的参考用书。

图书在版编目(CIP)数据

机器人操作系统(ROS)基础与应用/赵魁,王文成,
钟磊主编. —哈尔滨:哈尔滨工业大学出版社,2022.9(2024.7 重印)
机器人及人工智能类创新教材
ISBN 978-7-5767-0339-9

Ⅰ.①机… Ⅱ.①赵… ②王… ③钟… Ⅲ.①机器人-程序设计-高等学校-教材 Ⅳ.①TP242

中国版本图书馆 CIP 数据核字(2022)第 147443 号

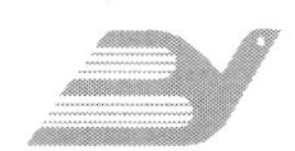

HITPYWGZS@163.COM
艳文工作室 13936171227

策划编辑 李艳文
责任编辑 李长波 谢晓彤
出版发行 哈尔滨工业大学出版社
社 址 哈尔滨市南岗区复华四道街 10 号 邮编 150006
传 真 0451-86414749
网 址 http://hitpress.hit.edu.cn
印 刷 哈尔滨圣铂印刷有限公司
开 本 787mm×1092mm 1/16 印张 13.25 字数 272 千字
版 次 2022 年 9 月第 1 版 2024 年 7 月第 2 次印刷
书 号 ISBN 978-7-5767-0339-9
定 价 68.00 元

主编简介

从书主编/总主编:

冷晓琨,中共党员,山东省高密市人,乐聚机器人创始人,哈尔滨工业大学博士,教授。主要研究领域为双足人形机器人与人工智能,研发制造的机器人助阵平昌冬奥会“北京8分钟”、2022年北京冬奥会,先后参与和主持科技部“科技冬奥”国家重点专项课题、深圳科技创新委技术攻关等项目。曾获中国青少年科技创新奖、中国青年创业奖等荣誉。

本书主编:

赵魁,黑龙江省佳木斯市人,佳木斯大学机器人工程教研室主任,专业负责人,讲师。主要研究方向为伺服驱动、机器人编程与仿真、机器人系统集成。

王文成,山东省潍坊市人,鸢都学者,山东省高校青年科技创新团队带头人,山东省机器人视觉感知与控制高校工程研究中心主任,工学博士,教授,硕士生导师。主要研究方向为机器视觉与智能控制。

钟磊,四川省遂宁市人,高级工程师,全国一级造价工程师,九三学社社员,西南科技大学城市学院鼎利学院院长,绵阳市安州区政协常委,西南科技大学绿色建筑及数字建造研究中心专家组成员,博士,副教授。主要研究方向为校企合作、教育的可持续发展、工程教育、工程投资管控、公司新创业务战略管理。参与省市级课题十余项。

前　言

创新是一个民族进步的灵魂，是国家兴旺发达的不竭动力。在以创新为主题的当今世界，只有先声夺人，出奇制胜，不断创造新的体制、新的产品、新的市场和压倒竞争对手的新形势，才能在日趋激烈的竞争中立于不败之地。机器人是多学科、交叉学科的综合体，对于工科领域的机械工程、电子信息、自动控制、传感器与测试技术、计算机硬件及软件、人工智能等学科均是最佳的创新及教学研究平台。

2007 年，机器人操作系统（Robot Operating System，ROS）在美国斯坦福大学诞生，得到了工业界、学术界和科研机构的广泛关注，如今已广泛应用于工业机器人、移动机器人、无人车、无人机等多种类的机器人上，取得了良好的应用效果。一方面是因为，随着机器人技术的快速发展，越来越丰富、复杂的机器人本体与硬件（包括驱动器、控制器、传感器等）对机器人系统的设计、开发与研究提出了巨大挑战，特别是对机器人软件系统的代码复用和模块化设计的需求日益增加；另一方面是因为，机器人的智能化程度越来越高，人工智能、图像处理、自然语言处理、自主导航与定位等算法需要在较高软件抽象级别上开发，而无须关心底层的具体硬件实现方案。例如：两足的仿人形机器人、四足的机器狗、轮式或履带式移动机器人都可以采用 ROS 提供的 SLAM（Simultaneous Localization and Mapping，同步定位于地图构建）功能包，而无须关心机器人的具体结构形式。

本书作为机器人操作系统（ROS）的基础性、入门教材，可以分为三个部分共 9 章，其中第一部分为 ROS 基础，包括第 1 ~ 3 章，主要介绍 ROS 的起源、发展历史与安装方法，ROS 的软件系统框架、文件系统框架与通信系统框架，ROS 的集成开发环境与常用工具等；第二部分为基于 ROS 的编程开发，包括第 4 ~ 7 章，主要介绍 ROS 的话题通信与服务通信的编程方法，ROS 的客户端库（Client Library），ROS 的日志文件，消息的录制与回放等内容，包括 C++ 语言实现与 Python 语言实现两种方法；第三部分为基于 Roban 机器人的项目实战，包括第 8 ~ 9 章，基于乐聚（深圳）机器人技术有限公司研发的高端智能人形机器人 Roban 与仿人形机器人任务挑战赛，展开对智能人形机器人编程的讲述，从硬件调试，到图形化编程，由浅入深地引导读者逐步掌握机器人的编程，最终达到让读者可以基于 Roban 机器人平台独立完成机器人控制和二次开发的目的。

在本书的编写过程中，得到了乐聚（深圳）机器人技术有限公司领导、工程师们的全力支持与鼎力相助，在此表示衷心感谢！

由于编者水平有限，书中难免出现疏漏和不足之处，恳请有关专家和广大读者批评指正，并提出宝贵意见。

编　者
2022 年 6 月

目　　录

第一部分　ROS 基础

第二部分　基于 ROS 的编程开发

第三部分 基于 Roban 机器人的项目实战

第一部分　ROS 基础

第 1 章　ROS 概述

机器人操作系统(Robot Operating System,ROS)是一个应用于机器人系统的通用软件框架。ROS 诞生以来,受到了工业界、学术界和科研机构的欢迎,如今已广泛应用于工业机器人、移动机器人、无人车、无人机等多种类的机器人上,取得了良好的应用效果。

本章从介绍 ROS 的起源开始,简要介绍 ROS 的发展历程、功能与特点,以帮助读者对 ROS 有一个初步的了解。同时,详细介绍 Ubuntu(乌班图)操作系统和 ROS 的安装与配置方法等,以帮助读者搭建 ROS 系统的开发环境,为后续基于 ROS 的编程和应用程序开发做好准备。

1.1　ROS 简介

1.1.1　ROS 的起源

1886 年,法国作家利尔 · 亚当在他的小说《未来的夏娃》中,将外表像人的机器起名为“Android(安卓)”;1920 年,捷克剧作家卡雷尔 · 凯培克在他的幻想情景剧《罗素姆万能机器人》中,把捷克语的“Robota(原意为劳役、苦工)”写成了“Robot”,后来逐渐演化为机器人的专用名词。早期文学和戏剧作品中的机器人如图 1.1 所示。

图 1.1　早期文学和戏剧作品中的机器人

早期文学和戏剧作品中的机器人形象更多来自于文学家、剧作家的想象。世界上第一台实用型工业机器人是美国 AMF 公司在 1962 年推出的 UNIMATE 机器人，如图 1.2 所示。

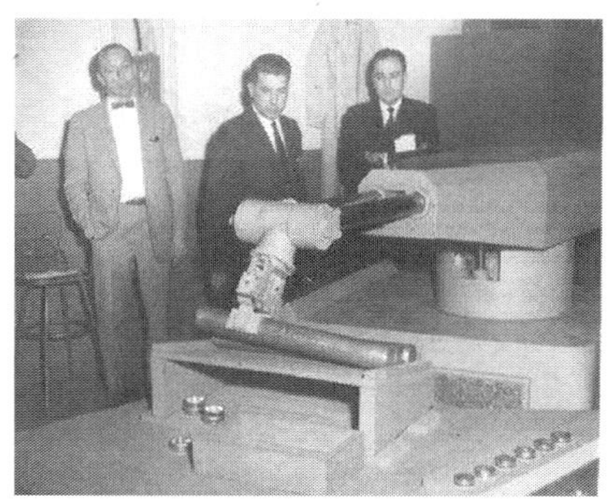

图 1.2　世界上第一台实用型工业机器人 UNIMATE

随着机器人技术的快速发展，机器人平台与硬件设备越来越丰富，也越来越复杂。不同厂商的机器人产品可能拥有不同的软、硬件系统及其接口标准。丰富多样的现代机器人如图 1.3 所示。

(a)工业机器人

(b)农业机器人

(c)服务机器人

(d)月球车“玉兔”

图 1.3　丰富多样的现代机器人

对于机器人开发人员来说，如果从头构建机器人，需要解决传感器、执行器等硬件设备的驱动问题，以及底层运动的控制问题，这势必会消耗开发人员太多的时间去做一些重复性的工作，如传感器的数据采集、机器人视觉的图像处理、伺服驱动控制等，从而使

得开发人员没有精力和时间去开发更有意义和价值的高级功能、人工智能等方面的功能。因此,机器人领域软件代码的复用、模块化编程的需求越来越强烈。

为此,全球各地的开发者、研究机构、科技公司等投入了大量人力和物力到机器人通用软件平台的研发工作中,也产生了许多机器人软件平台,如 Player、YARP、OROCOS、Carmen、Orca、MOOS 和 Microsoft Robotics Studio 等。其中,非常优秀的软件平台之一就是机器人操作系统(Robot Operating System,ROS)。

ROS 的原型系统起源于 2007 年美国斯坦福大学人工智能实验室与 Willow Garage 公司合作的 Personal Robotics Program(个人机器人,机器人管家)项目。随着该团队研发的二代机器人(PR2)在 ROS 框架的基础上实现了叠衣服、做早饭等不可思议的功能,如图 1.4 所示,ROS 系统也得到越来越多的关注。

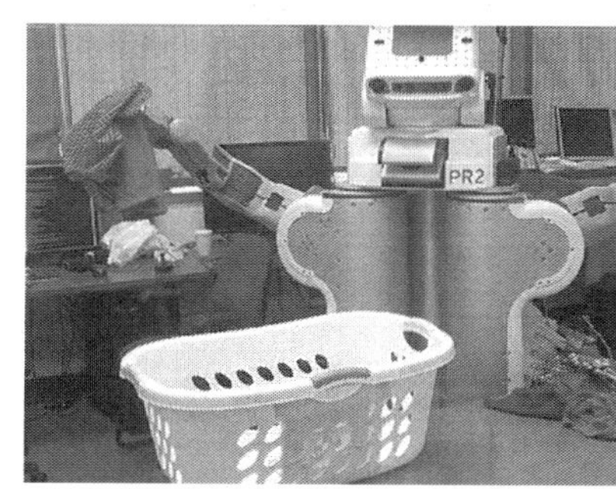

图 1.4　PR2 机器人的典型应用场景

2009 年初,Willow Garage 公司推出了 ROS 0.4 测试版,ROS 系统框架已经具备了雏形;2010 年,Willow Garage 公司以开放源代码的形式发布了 ROS 1.0 版本,很快就在机器人研究领域掀起了学习与应用 ROS 的热潮;2012 年,Willow Garage 公司将 ROS 交由一家新成立的非营利性机构——开源机器人基金会(Open Source Robotics Foundation,OSRF)来维护,旨在通过接受个人、公司和政府的赞助,独立地推动 ROS 以开源的方式发展;从 2013 年开始,ROS 系统得到了 Google 公司的支持,对开发人员而言,ROS 的开放性和易用性使其获得了广泛应用,而 Google 公司持续的支持是 ROS 存活的关键。

1.1.2　ROS 的功能与特点

ROS 网站(https://www.ros.org)对 ROS 的定义如下。

机器人操作系统(ROS)是一组帮助软件开发者构建机器人应用程序的软件库和工具集。从驱动程序到最先进的算法,以及功能强大的开发工具,ROS 为软件开发者提供了机器人项目所需的一切,而且都是开源的。

ROS 维基百科中文网站(https://wiki.ros.org/cn)对 ROS 的功能介绍如下。

ROS 提供一系列程序库和工具,帮助软件开发者创建机器人应用软件。它提供了硬件抽象、设备驱动、函数库、可视化工具、消息传递和功能包管理等诸多功能。ROS 遵循 BSD 开源许可协议(Berkeler Software Distribution License)。

ROS 不仅能够实现对机器人运动位置控制、姿态轨迹规划、操作顺序管理、人机交互及多机协同等功能,还能够支持机器人软件与系统的仿真、开发、测试与验证等环节,其主要特点如下。

1. 分布式、点对点(P2P)设计

ROS 将应用程序的每个工作进程都看作一个节点(Node),使用节点管理器(Node Master)进行统一管理,并提供了一套消息传递机制。这些节点可以在一台计算机上运行,也可以在网络上的多台计算机上运行,从而实现了分布式计算。这种点对点的设计可以分散由定位、导航、视觉识别、语音识别等功能带来的实时计算压力,适应多机器人的协同工作。

2. 支持多种语言

ROS 编程语言,目前已经支持 C++、Python、Lisp、Java、Octave 等多种现代编程语言。为了支持多语言编程,ROS 使用了一种独立于编程语言的接口定义语言(Interface Definition Language,IDL)来描述模块之间的消息接口,并且实现了多种编程语言对 IDL 的封装,从而使得开发者可以同时使用多种编程语言来完成不同模块的开发。

3. 精简与集成

ROS 框架具有的模块化特点,使得每个功能模块代码可以单独编译,并且使用统一的消息接口让模块的移植和复用更加便捷。同时,ROS 开源社区中集成了大量已有开源项目中的代码。例如,从 Player 项目中借鉴了驱动、运动控制和仿真方面的代码,从 OpenCV 中借鉴了视觉算法方面的代码,从 OpenRAVE 中借鉴了规划算法方面的代码。开发者可以利用这些资源实现机器人应用的快速开发。

4. 丰富的组件化工具包

ROS 采用组件化的方式将已有的工具和软件进行集成,比如 ROS 中的三维可视化平台 Rviz,它是 ROS 自带的一个图形化工具,可以方便地对 ROS 的应用程序进行图形化操作。再比如 ROS 常用的物理仿真平台 Gazebo,在该仿真平台下,不仅可以创建一个虚拟的机器人仿真环境,还可以在仿真环境中设置一些必要的参数。

5. 开源且免费

ROS 所有的源代码全部公开发布,从而极大地促进了 ROS 框架各层次错误更正的效率。同时,ROS 遵循 BSD 开源许可协议,给用户较大的自由,允许个人修改和发布新的应用,甚至可以进行商业化开发和销售。这就使得 ROS 拥有强大的生命力。在短短的几年内,ROS 功能包的数量呈指数级增长,从而大大加速了机器人应用的开发。

1.1.3 ROS 的发展历程与趋势

ROS 1.0 版本发布于 2010 年，是基于 PR2 机器人开发的一系列基础功能包。类似于 Linux 的发行版，例如 Ubuntu，ROS 发行版的目的是让开发人员在一个相对稳定的代码库上工作。

随着 ROS 发行版本的不断迭代，常用的 ROS 版本与首选的 Ubuntu 版本见表 1.1，目前已经发布到了 Noetic 版本。本书选择 ROS Kinetic + Ubuntu 16.04 + Python 2.7 版本的组合，一方面是因为该组合在 Wiki 网站上拥有众多的学习资源，方便读者后续的自学与提高；另一方面是为了与第 8 章介绍的 Roban（中型仿人形机器人）相配合，完成 Roban 机器人挑战赛的任务。

表 1.1 常用的 ROS 版本与首选的 Ubuntu 版本

发布时间	ROS 版本	首选的 Ubuntu 版本	停止支持时间
2010 年 3 月	Box Turtle		
2010 年 8 月	C Turtle		
2011 年 3 月	Diamondback		
2011 年 8 月	Electric Emys		
2012 年 4 月	Fuerte Turtle		
2012 年 12 月	Groovy Galapagos		2014 年 7 月
2013 年 9 月	Hydro Medusa		2015 年 5 月
2014 年 7 月	Indigo Igloo	Ubuntu 14.04	2019 年 4 月
2015 年 5 月	Jade Turtle	Ubuntu 15.04	2017 年 5 月
2016 年 5 月	Kinetic Kame（本书安装的版本）	Ubuntu 16.04	2021 年 4 月
2017 年 5 月	Lunar Loggerhead	Ubuntu 17.04	2019 年 5 月
2018 年 5 月	Melodic Morenia	Ubuntu 18.04	2023 年 5 月
2020 年 5 月	Noetic Ninjemys（Wiki 推荐的版本）	Ubuntu 20.04	2025 年 5 月

作为一个开放源代码的软件系统，ROS 构建了一个能够整合不同研究成果，实现算法发布、代码重用的机器人通用软件平台，解决了机器人技术研发中大量的共性问题，但依然存在很多缺陷和不足。如 ROS 中没有构建多机器人系统的标准方法，ROS 无法在 Windows、Mac OS 等操作系统上应用，或者说功能是受限的，ROS 缺少实时性方面的设计，ROS 系统整体运行效率较低。总体来说，ROS 的稳定性欠佳使得机器人技术研发从原型样机到最终产品的产品化过程非常艰难。

为此，在 ROSCon 2014 年会上，OSRF 正式发布了新一代的 ROS 设计架构（Next -

generation ROS:Building on DDS),即 ROS 2,并在 2015 年 8 月发布了 ROS 2 的 Alpha 版本,2016 年 12 月发布了 Beta 版。随后,OSRF 于 2017 年 12 月发布了 ROS 2 的第一个发行版本 Ardent Apalone,从而开创了下一代 ROS 开发的新纪元。

相比之前的 ROS 系统,ROS 2 的改进主要是采用了 DDS(数据分发服务)这个工业级的中间件来负责可靠通信、通信节点动态发现,并采用共享内存的方式来提高通信的效率,从而让 ROS 2 更符合工业级的运行标准。

ROS 2 是 ROS 系统的功能扩展和性能优化,其设计目标主要体现在以下几个方面。

(1)支持多机器人系统,包括不可靠的网络。

(2)消除原型样机和最终产品之间的鸿沟。

(3)可以运行在小型嵌入式平台上。

(4)支持实时控制。

(5)提供跨系统平台支持。

2022 年 5 月,OSRF 发布了 ROS 2 的第一款长期支持版本——Humble LTS(Long Term Sport),支持期为 5 年。

从总体来看,目前 ROS 2 还处于发展的初级阶段,而 ROS 开源社区已经积累了丰富的资源,出版了大量的 ROS 书籍,也启动了许多教育培训计划。因此,目前机器人技术的研究、开发与教学仍然建议以 ROS 为主。

1.2 安装 Ubuntu 操作系统

ROS 并不是一个传统意义上的操作系统,无法像 Windows、Mac OS、Linux 系统一样直接运行在计算机硬件上,而是需要依托于 Linux 操作系统。Ubuntu 是 Linux 操作系统的一个发行版本,由英国公司 Canonical(www. canonical. com)负责运行和维护。Ubuntu(www. ubuntu. com)可以免费地下载和使用,也是目前对 ROS 支持最好的操作系统,本书采用 Ubuntu 16.04 + ROS Kinetic 版本的组合。

1.2.1 安装 VMware 虚拟机

VMware 是一个虚拟化软件,它允许一个未经修改的操作系统(包含全部已安装软件)运行在一个被称为虚拟机的特殊环境中。虚拟机运行在当前操作系统之上,是由虚拟化软件通过拦截对某些硬件和功能的访问实现的。物理实体计算机称为宿主机,虚拟机称为客户机,客户机可以运行在宿主机之上。

可以在一台运行 Windows、Linux 或者 Mac OS 操作系统的计算机上安装 VMware。本书将选择 VMware Workstation Pro 版本,安装在一台装有 Windows 系统的计算机上。VM-

ware 的安装很简单，一路点击“下一步”就可以，如图 1.5 所示。

需要说明的是，需要选择默认的安装路径，即 C:\Program Files (x86)目录下。

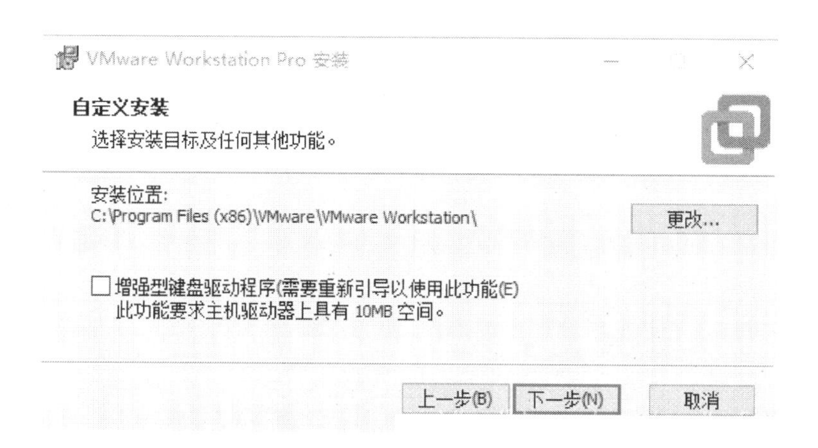

图 1.5　安装 VMware 虚拟机

1.2.2　在虚拟机上安装 Ubuntu 操作系统

在 VMware 上安装 Ubuntu，首先要创建一个新的虚拟机。

第 1 步：新建一个虚拟机。

在计算机上打开 VMware 虚拟机，如图 1.6 所示，选择“典型(推荐)(T)”，然后点击“下一步”按钮。

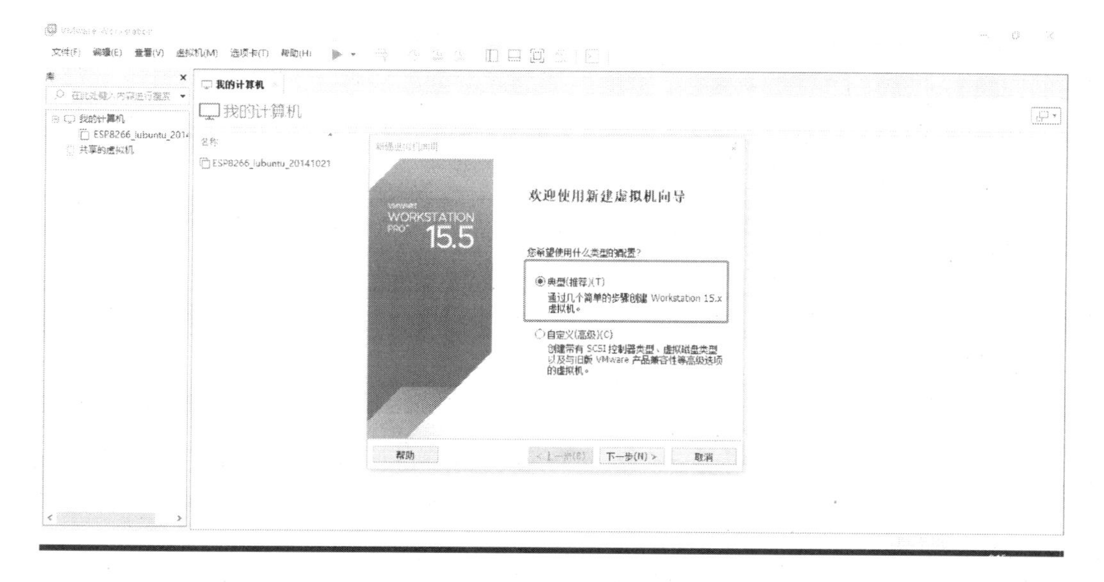

图 1.6　新建一个 VMware 虚拟机

在"新建虚拟机向导"界面中,选择"稍后安装操作系统(S)"选项,如图1.7所示,然后点击"下一步"按钮。

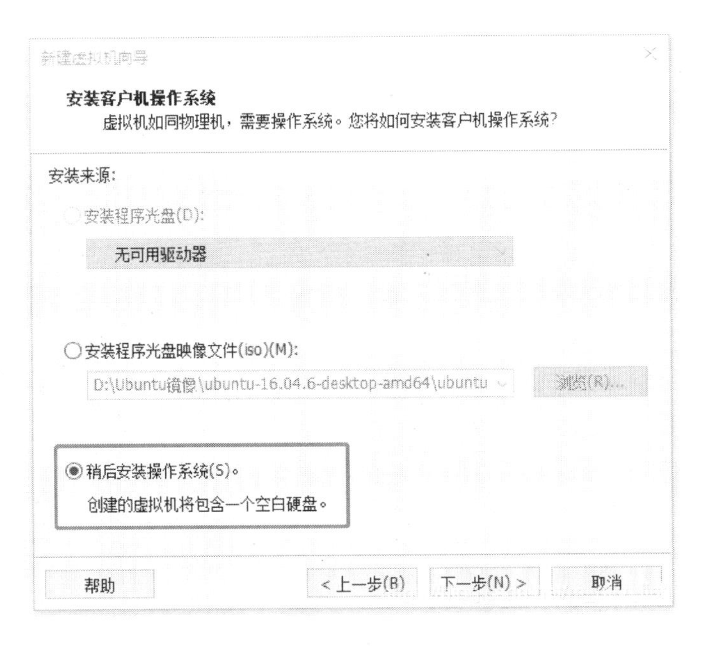

图1.7　新建虚拟机向导

选择客户机操作系统为"Linux(L)",版本(V)为"Ubuntu 64 位",如图1.8所示,然后点击"下一步"按钮。

图1.8　选择操作系统和版本

第 2 步:为客户机操作系统命名。

添加完 VMware 虚拟机之后,需要为将要创建的客户机操作系统命名(虚拟机名称),并选择安装位置,如图 1.9 所示。设置完成后,点击“下一步”按钮。

图 1.9　为客户机操作系统命名并选择安装位置

第 3 步:为客户操作系统分配磁盘空间。

设置虚拟机磁盘大小,一般设置为 40.0 GB,将虚拟磁盘存储为单个文件,如图 1.10 所示,然后点击“下一步”按钮。

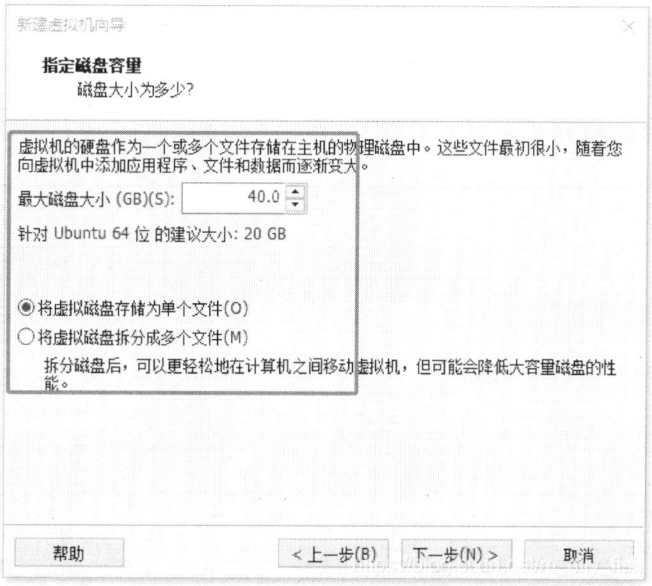

图 1.10　为客户机分配磁盘空间

查看虚拟机的设置情况，如图 1.11 所示，确认无误后点击“完成”按钮。

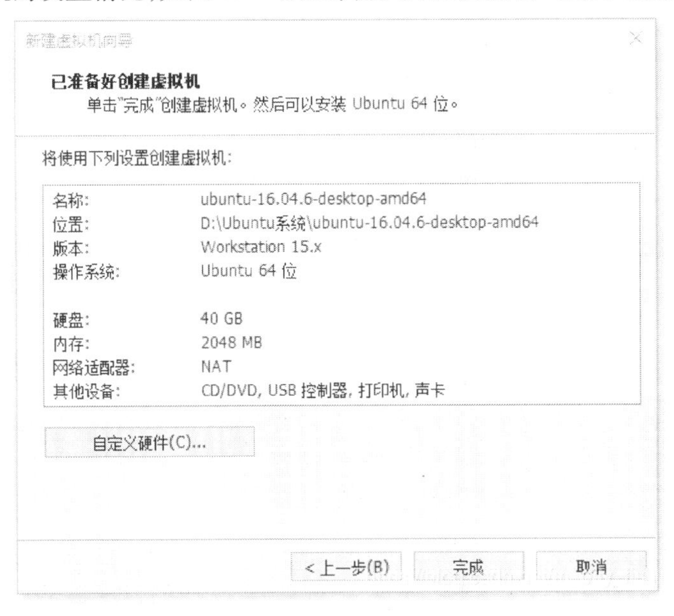

图 1.11　完成虚拟机的创建

第 4 步：设置镜像。

创建完虚拟机后，还需要设置镜像，点击“编辑虚拟机设置”按钮，如图 1.12 所示。

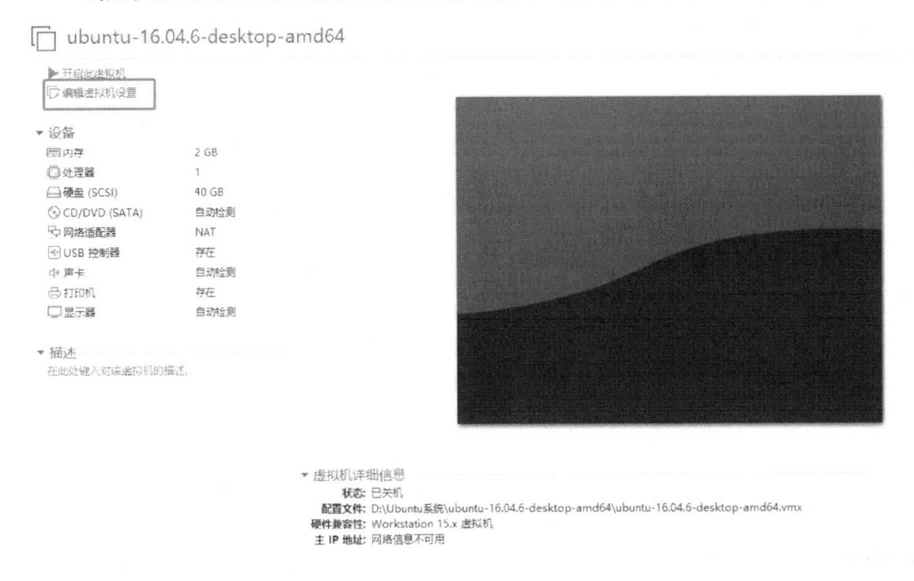

图 1.12　编辑虚拟机设置

在 CD/DVD(SATA)中选择“使用 ISO 映像文件(M)”，加载 ISO 镜像文件，如图 1.13 所示。

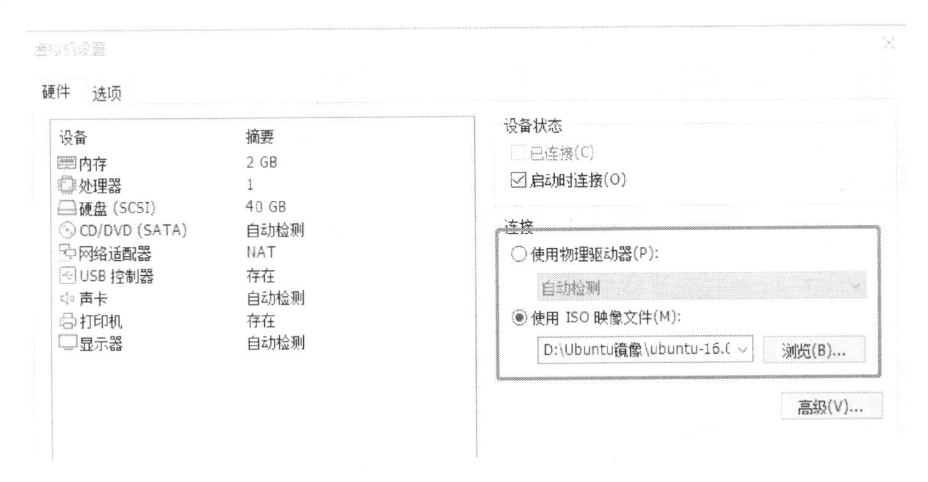

图 1.13 加载 ISO 镜像文件

第 5 步:开启虚拟机,安装 Ubuntu 操作系统。

完成虚拟机设置和 ISO 镜像文件的设置后,开启虚拟机,进入如图 1.14 所示的安装界面。在左侧栏中选择语言“中文(简体)”或“English”;在右侧栏中选择“安装 Ubuntu”,开始安装 Ubuntu 操作系统。

图 1.14 安装 Ubuntu 操作系统

在如图 1.15 所示的界面中,如果是在虚拟机上安装 Ubuntu 系统,则可以忽略这一步;如果是在一台装有显卡的计算机上直接安装 Ubuntu 系统,如装有 NVDIA 或 ATi Radeon 显卡的计算机,则需要选择“安装 Ubuntu 时下载更新”这个选项,它可以搜索一个合适的显卡驱动程序并在 Ubuntu 安装过程中安装它,否则可能需要手动安装。但是,这一过程并不能确保可以获得适用于自己的显卡驱动程序。

配置完成后,点击"继续"按钮。

图 1.15　安装 Ubuntu 时下载更新

在如图 1.16 所示的界面中,将对硬盘进行分区,并在其上安装 Ubuntu,这个步骤非常重要,用户必须谨慎地选择分区方式。

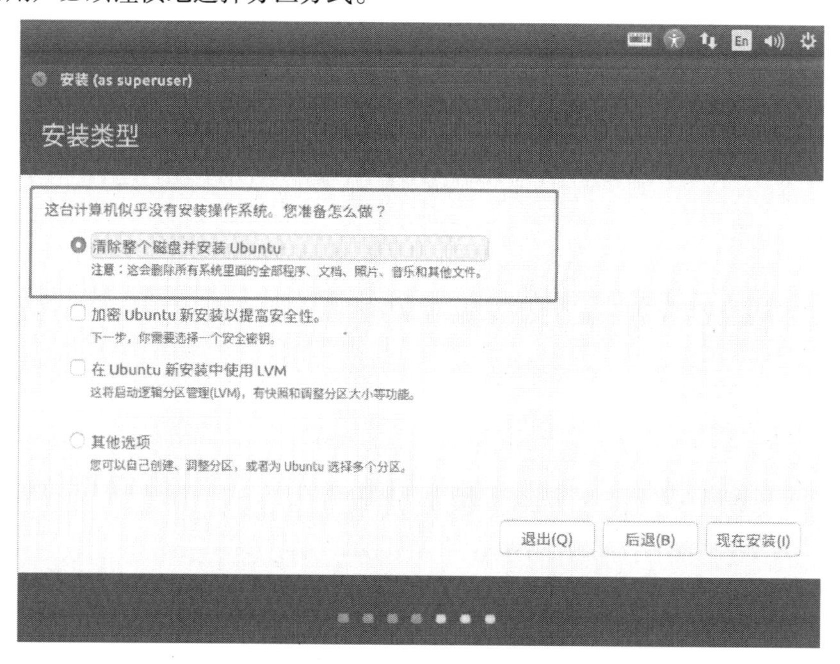

图 1.16　清除整个磁盘并安装 Ubuntu

第一个选项“清除整个磁盘并安装 Ubuntu”，将擦除硬盘上的所有硬盘分区并安装 Ubuntu。如果是在虚拟机中安装 Ubuntu，这个选项很合适；而如果是在实体计算机上直接安装 Ubuntu，则应选择“其他选项”。“其他选项”允许用户格式化特定的硬盘分区并在其上安装 Ubuntu。如果在虚拟机中安装 Ubuntu，则不必关心这个问题，因为虚拟机中只有一个硬盘。而如果是在实体计算机上安装 Ubuntu，就必须在安装操作系统之前找到一个安装 Ubuntu 的分区。

安装 Ubuntu 时，通常需要创建两个分区：一个是根分区，另一个是交换分区。Ubuntu 操作系统安装在根分区中。文件系统的格式是 Ext4journaling，必须将根分区的挂载点设置为“/”。交换分区是一种内存接近最大使用率时用于存储非活动界面的特殊分区，类似于 Windows 中虚拟内存的概念。如果计算机的内存足够大，比如大于 4.0 GB，则可以不用设置交换分区，否则需要设置一个交换分区。用户可以分配 1 GB 或 2 GB 内存给交换分区。

当两个分区创建完成后，在如图 1.16 所示的界面中点击“现在安装”按钮，将弹出的“将改动写入磁盘吗?”界面，如图 1.17 所示。点击“继续”按钮，把 Ubuntu 安装到所选分区中。在安装过程中，可以设置时区、键盘布局、用户名和密码等。

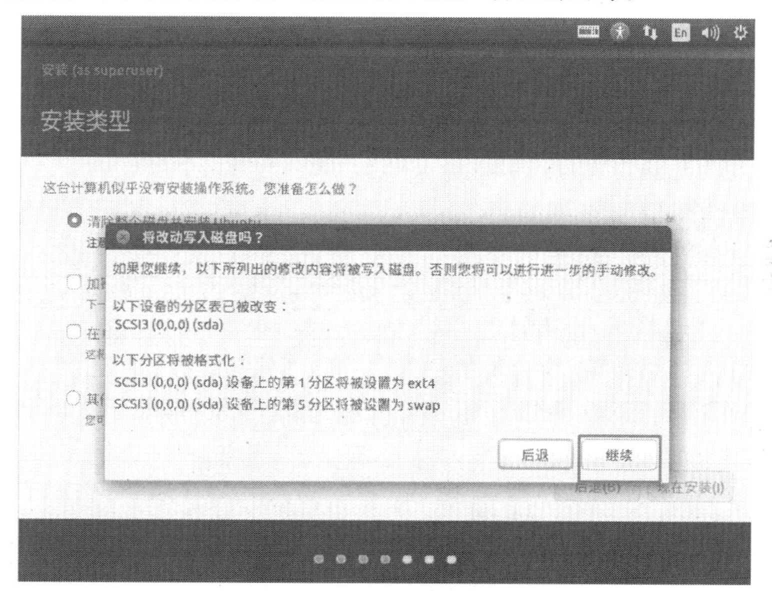

图 1.17　将改动写入磁盘

设置时区，在弹出的“您在什么地方?”界面中，用户可以点击所在国家地图来设置时区。当点击地图时，将会显示国家的名称，即选择了 Ubuntu 系统的时区。点击“继续”按钮，设置键盘布局。

设置时区后，下一步是设置键盘布局，如图 1.18 所示。用户可以选择使用默认的键盘布局(English (US))，也可以选择中文的键盘布局(汉语)。点击“继续”按钮，设置计算机名称、用户名和密码。

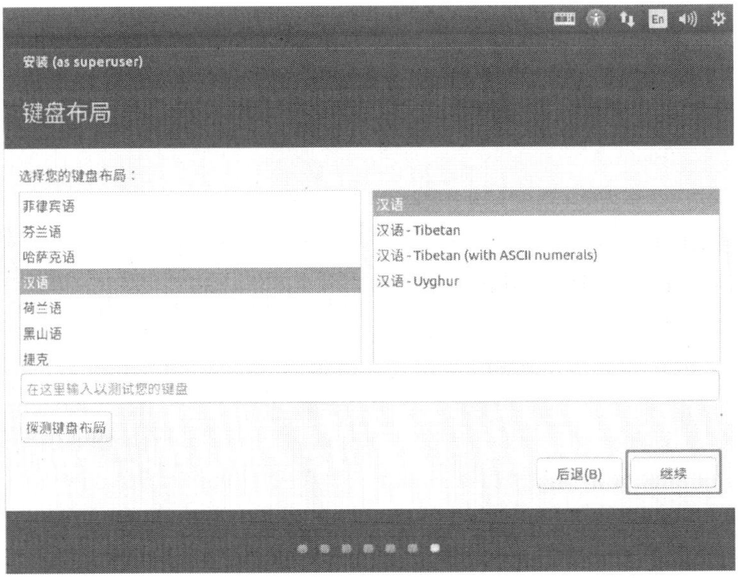

图 1.18　选择键盘布局

在设置用户名和登录密码界面中，如图 1.19 所示，如果不想使用用户名和密码登录，可启用自动登录功能，今后将无须输入用户名和密码而直接登录 Ubuntu 桌面。点击“继续”按钮，完成后续的安装。

图 1.19　设置用户名和密码

在输入完用户名和登录密码之后，安装 Ubuntu 系统的设置过程就已经全部完成。系

统开始安装,用户需要等待一段时间。Ubuntu 系统安装完成后,需要重启虚拟机。

重启之后,将在 VMware 界面中看到 Ubuntu 主界面,如图 1.20 所示,说明已经在虚拟机上成功地安装了 Ubuntu 操作系统。

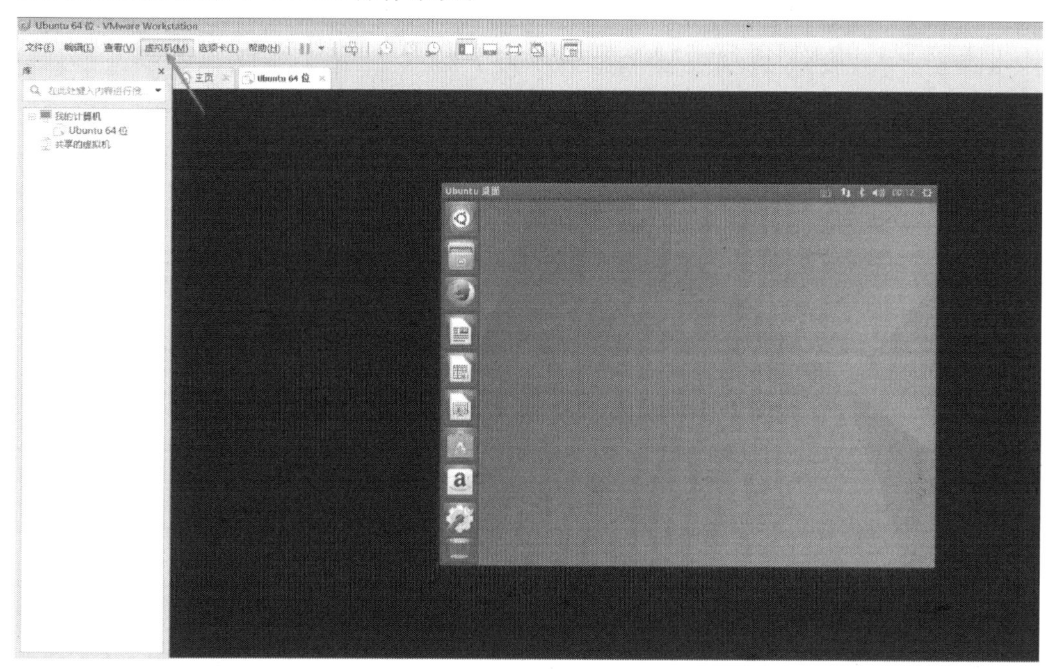

图 1.20　在 VMware 虚拟机中成功安装 Ubuntu 系统

第 6 步:安装 VMware Tools。

VMware Tools 是虚拟机上一个很好用的工具,很多地方都需要用到,是一个必装的工具。首先取消 ISO 镜像文件设置,如图 1.21 所示。

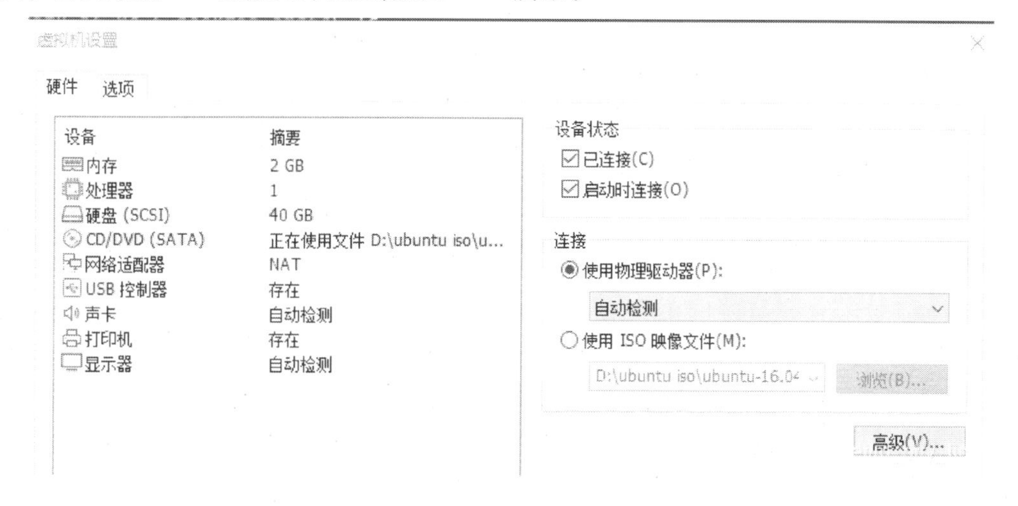

图 1.21　取消 ISO 镜像文件设置

选择虚拟机菜单栏→安装 VMware Tools。下载好后在 Ubuntu 系统中弹出的 VMware Tools 窗口中找到 VMwareTools - 10. 3. 10 - 13959562. tar. gz 文件,复制到桌面上,如图 1.22所示。

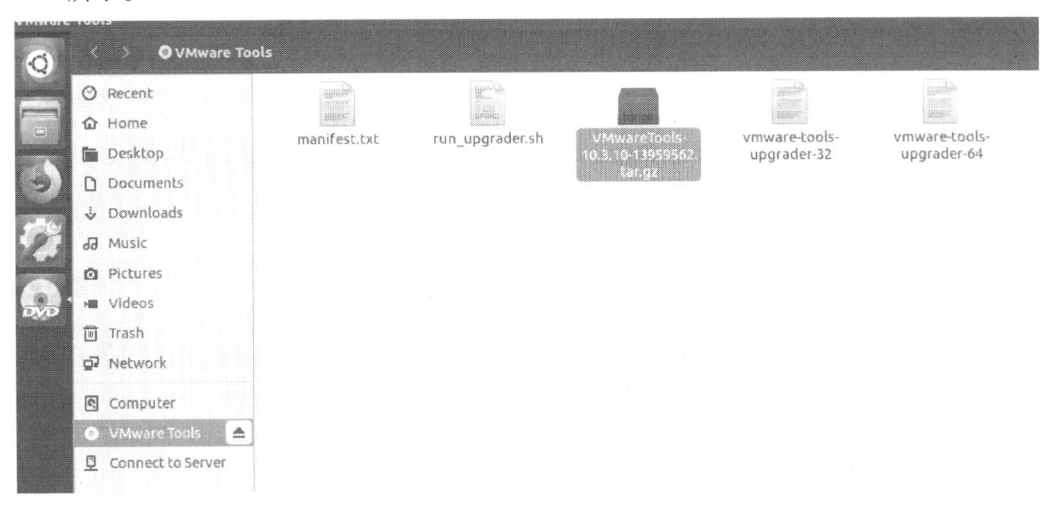

图 1.22　复制 VMware Tools 的安装包

打开一个终端,进入到桌面目录下,输入以下命令开始解压缩文件,如图 1.23、图 1.24所示。

```
$ tar zxf VMwareTools-10.3.10-13959562.tar.gz
```

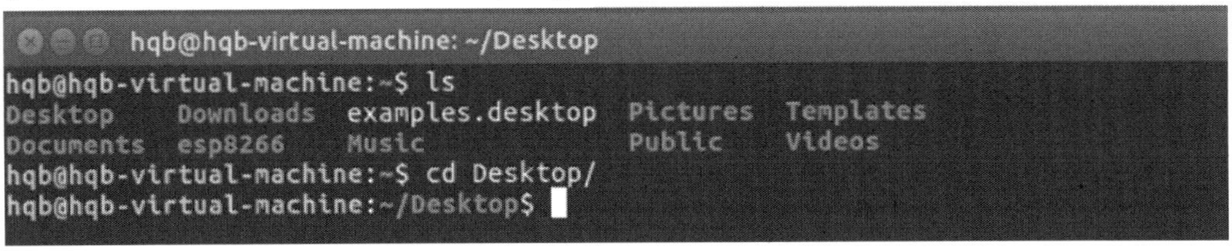

```
hqb@hqb-virtual-machine: ~/Desktop
hqb@hqb-virtual-machine:~$ ls
Desktop    Downloads  examples.desktop  Pictures  Templates
Documents  esp8266    Music             Public    Videos
hqb@hqb-virtual-machine:~$ cd Desktop/
hqb@hqb-virtual-machine:~/Desktop$
```

图 1.23　进入桌面文件夹

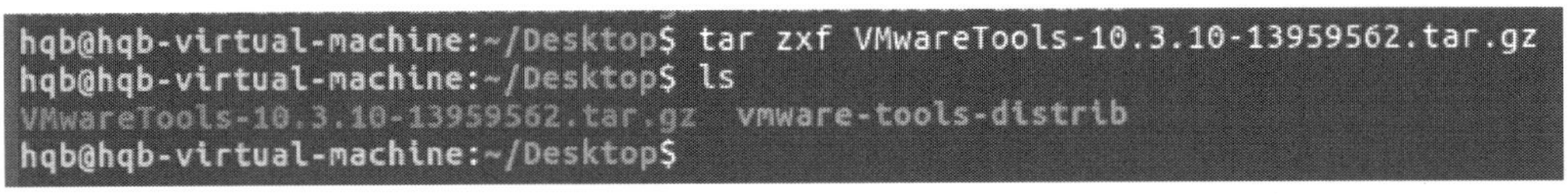

```
hqb@hqb-virtual-machine:~/Desktop$ tar zxf VMwareTools-10.3.10-13959562.tar.gz
hqb@hqb-virtual-machine:~/Desktop$ ls
VMwareTools-10.3.10-13959562.tar.gz  vmware-tools-distrib
hqb@hqb-virtual-machine:~/Desktop$
```

图 1.24　解压缩文件

进入到 vmware - tools - distrib 文件夹下,运行 vmware - install. pl,如图 1.25 所示。

```
hqb@hqb-virtual-machine:~/Desktop$ cd vmware-tools-distrib/
hqb@hqb-virtual-machine:~/Desktop/vmware-tools-distrib$ ls
bin  caf  doc  etc  FILES  INSTALL  installer  lib  vgauth  vmware-install.pl
hqb@hqb-virtual-machine:~/Desktop/vmware-tools-distrib$ sudo ./vmware-install.pl

[sudo] password for hqb:
open-vm-tools packages are available from the OS vendor and VMware recommends
using open-vm-tools packages. See http://kb.vmware.com/kb/2073803 for more
information.
Do you still want to proceed with this installation? [yes]
```

图 1.25　运行 vmware – install. pl

之后一直按“回车”键全默认即可，安装完成后需要重新设置 ISO 镜像文件。

第 7 步：设置共享文件夹。

如何实现 Ubuntu 系统和 Windows 系统的文件共享？VMware 虚拟机中自带了共享文件夹的功能。

设置 Ubuntu 系统的共享文件夹，操作如下。

选择 Ubuntu 虚拟机，在菜单栏中，单击虚拟机→设置→选项，开启共享文件夹功能，如图 1.26 所示。

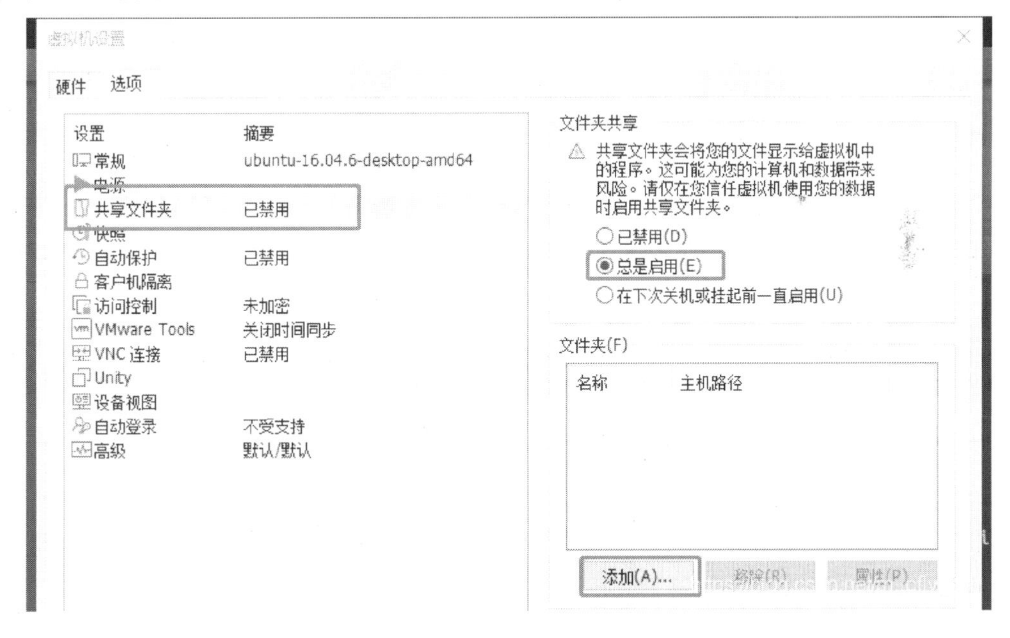

图 1.26　开启共享文件夹功能

添加共享文件夹，如图 1.27 所示。

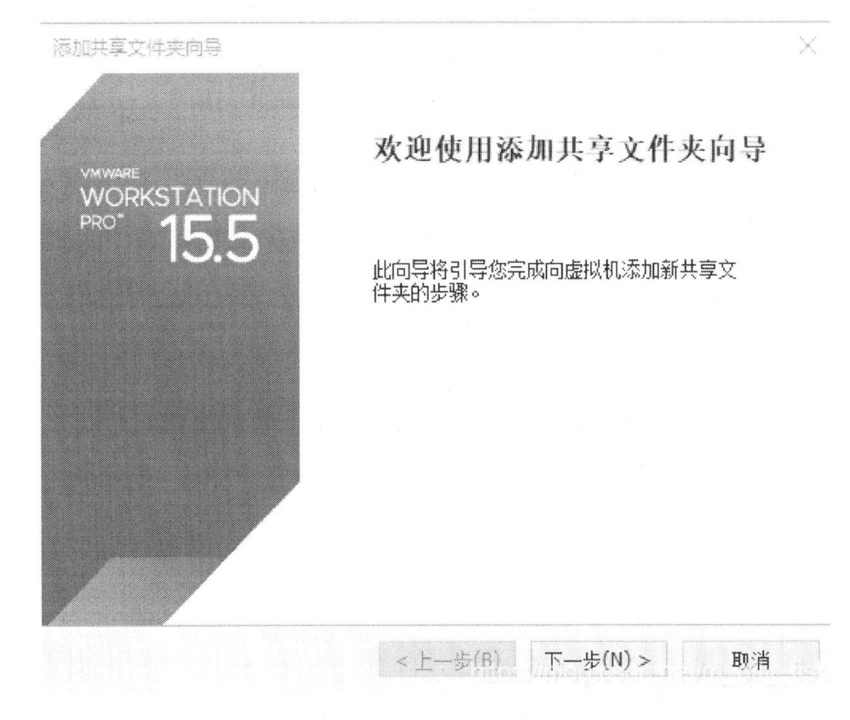

图 1.27　添加共享文件夹

设置共享文件夹路径,如图 1.28 所示。

图 1.28　设置共享文件夹路径

启用共享文件夹,如图 1.29 所示。

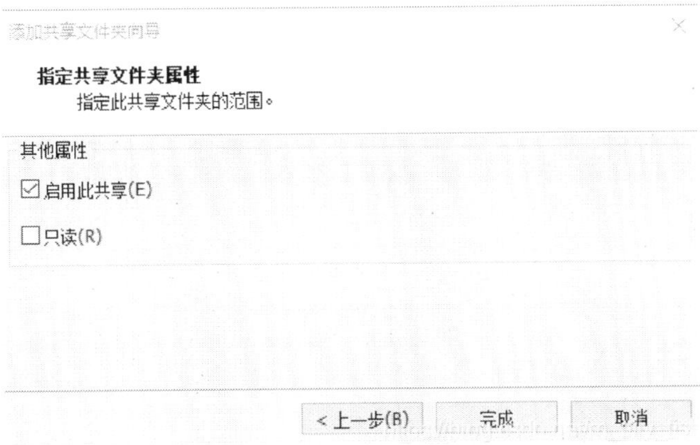

添加共享文件夹向导

指定共享文件夹属性

指定此共享文件夹的范围。

其他属性

☑启用此共享(E)

☐只读(R)

< 上一步(B) 完成 取消

图 1.29 启用共享文件夹

共享文件夹设置完成，如图 1.30 所示。

图 1.30 共享文件夹设置完成

1.2.3 在计算机上直接安装 Ubuntu 操作系统

在一台计算机上直接安装 Ubuntu 操作系统通常有两种方式。第一种方式很直接，首先将下载的 DVD 镜像刻录到一个 DVD 光盘上，然后从 DVD 启动安装。另一种方式是用 USB 驱动器安装，它比前一种方式更容易，也更快捷。

一款名为 UNetbootin 的工具可以将 DVD 镜像复制到 USB 驱动器。用户可以通过这款工具浏览 DVD 镜像，点击“确定”按钮开始复制过程（UNetbootin 设置如图 1.31 所示）。

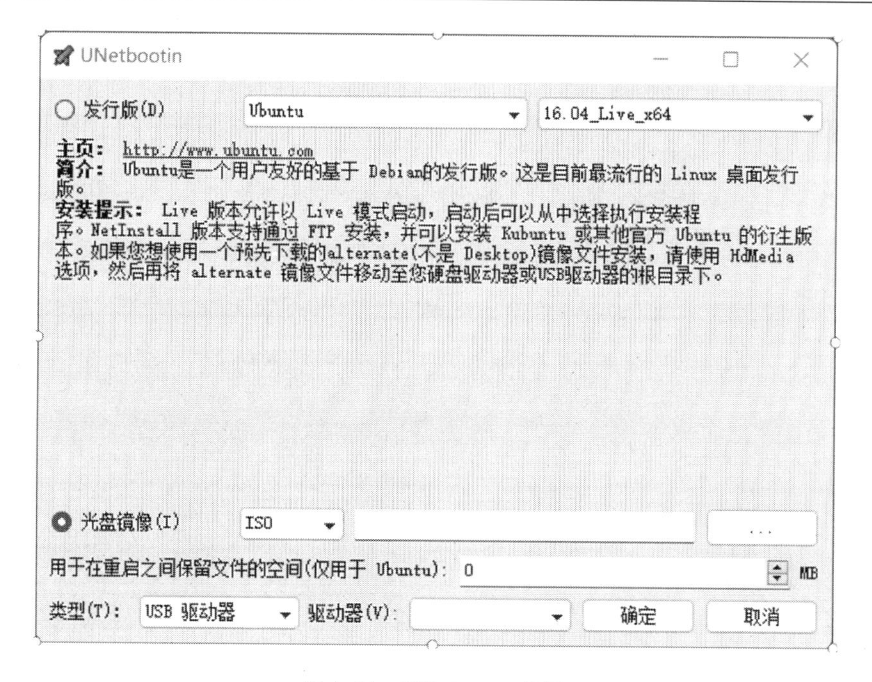

图 1.31　UNetbootin 设置

用户可以选择 Ubuntu 系统并浏览其 DVD 镜像。在选择了 DVD 镜像之后，选择 USB 驱动类型，接下来选择驱动器盘符字母，最后点击“确定”按钮。把 DVD 镜像复制到 USB 驱动器上需要花费一段时间。

当它完成时，重新启动计算机，将首选启动设备设置为 USB 驱动器。此时系统会从 USB 驱动器启动安装，读者也可以参照前述的“在 VMware 虚拟机中安装 Ubuntu 操作系统”的过程进行安装。

1.3　安装 ROS

1.3.1　ROS 版本的选择

在 1.1.3 节中已经说明了本书采用 Ubuntu 16.04 + ROS Kinetic 版本的组合。

ROS 中有很多函数库和工具，官网提供了四种默认的安装方式：桌面完整版安装（Desktop - Full）、桌面版安装（Desktop）、基础版安装（ROS - Base）和单独功能包安装（Individual Package），用户根据自己的需要选择其中一种安装方式即可。

（1）桌面完整版（Desktop - Full）：是最为推荐的一种安装版本，除了包含 ROS 的基础功能（核心功能包、构建平台和通信机制）外，还包含丰富的机器人通用函数库和功能

包，如自主导航、2D/3D 的感知功能、机器人地图建模等，以及 Gazebo 仿真工具、Rviz（the Robot Visualization Tool）可视化平台、rqt 工具箱等。

（2）桌面版（Desktop）：可以理解为桌面完整版的精简版，仅包含 ROS 的基础功能、机器人通用函数库、Rviz 可视化平台和 rqt 工具箱。

（3）基础版（ROS – Base）：仅保留了没有任何 GUI（Graphical User Interface）的基础功能（核心功能、构建工具和通信机制）。基础版是 ROS 需求的“最小系统”，非常适合直接安装在对性能和空间要求较高的控制器上，为嵌入式系统使用 ROS 提供了可能。

（4）单独安装功能包（Individual Package）：在运行 ROS 时，若缺少某些功能包（Package）依赖，就可以单独安装某个指定的功能包。

1.3.2　安装 ROS

1. 检查 Ubuntu 的初始环境

在正式安装 ROS 系统之前，需要先检查 Ubuntu 的初始环境，以保证 ROS 能够正确地安装成功。

打开 Ubuntu 的“System Settings”，依次选择“Software & Updates”→“Ubuntu Software”，勾选关键字“universe”“restricted”和“multiverse”三项，如图 1.32 所示，设置 Ubuntu 的软件源。

在 Ubuntu 中有以下四种软件源。

（1）main：Ubuntu 官方支持的免费、开源的软件源。

（2）universe：社区维护的免费、开源的软件源。

（3）retricted：私有的设备驱动程序软件源。

（4）multiverse：该软件源中的软件受到版权和法律的保护。

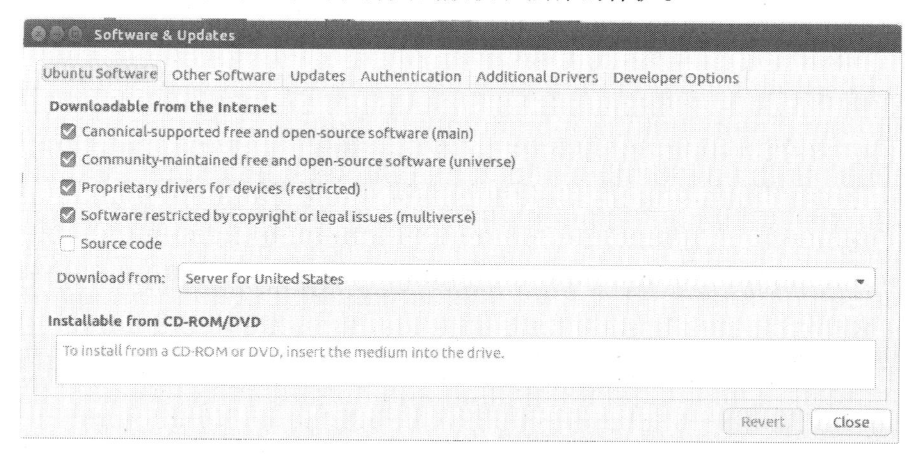

图 1.32　设置 Ubuntu 的软件源

为了安装 ROS 系统,必须选择上面的所有软件源,这样 Ubuntu 就可以从这些软件源中检索安装包了。

2. 通过二进制包安装 ROS

ROS 提供两种安装方式,一种是通过二进制包安装 ROS,直接用预编译好的二进制文件来安装 ROS,该方法更简单、省时,适合使用 ROS 进行应用程序开发的普通用户;第二种是通过源代码编译来安装 ROS,需要先下载 ROS 的源代码,在用户的计算机上编译成二进制文件后再安装,该方法的下载和编译都需要更多的时间,这取决于用户的计算机配置,适合对 ROS 系统有深入了解的高级用户。

本书采用二进制包的安装方法,选择好要安装的 ROS 版本之后,就可以在 Ubuntu 系统上安装 ROS 了,方法如下。

(1)安装 Kinetic 桌面完整版,在终端中输入以下命令:

```
$ sudo apt-get install ros-kinetic-desktop-full
```

安装 Melodic 桌面完整版,在终端中输入以下命令:

```
$ sudo apt-get install ros-melodic-desktop-full
```

(2)安装 Kinetic 桌面版,在终端中输入以下命令:

```
$ sudo apt-get install ros-kinetic-desktop
```

(3)安装 Kinetic 基础版,在终端中输入以下命令:

```
$ sudo apt-get install ros-kinetic-ros-base
```

(4)单独安装功能包,在终端中输入以下命令(使用所需的功能包名替换命令行中的“PACKAGE”字样):

```
$ sudo apt-get install ros-kinetic-PACKAGE
```

例如,安装机器人 SLAM 地图建模 Gmapping 功能包时,使用如下命令安装:

```
$ sudo apt-get install ros-kinetic-slam-gmapping
```

若要查找可用的功能包,请运行以下命令:

```
$ apt-cache search ros-kinetic
```

用户根据自己的需要选择其中一种安装方式即可,本书选择 Ubuntu 16.04 + ROS Kinetic 版本的组合。安装的过程中,需要从网络下载很多安装包(二进制的安装文件),耗时可能会很长,需要耐心等待。

1.3.3 配置 ROS

成功安装 ROS 系统之后,需要完成一些配置工作,否则 ROS 系统无法使用。

(1)初始化 rosdep。

rosdep 是 ROS 中自带的工具,主要功能是为某些功能包安装系统依赖,同时也是某

些 ROS 核心功能包必须用到的工具。例如,一个 ROS 功能包可能需要若干个依赖包才能正常工作,rosdep 会检测依赖包是否可用,如果不可用,它将自动安装这些依赖包。

在终端中输入以下命令,进行初始化和更新:

```
$ sudo rosdep init
$ rosdep update
```

(2)设置环境变量。

此时,ROS 已成功安装在计算机中,默认在/opt 路径下。在后续使用中,由于会频繁使用终端输入 ROS 命令,所以在使用前需要对环境变量进行设置。

Ubuntu 默认使用的终端是 bash,在 bash 中设置 ROS 环境变量的命令如下:

```
$ echo "source /opt/ros/kinetic/setup.bash" >> ~/.bashrc
$ source ~/.bashrc
```

需要说明的是,本书采用 ROS 的 Kinetic 版本,若为 ROS 其他版本,将代码中的“kinetic”字样替换成对应的版本名称即可。

(3)安装 rosinstall。

rosinstall 是 ROS 中一个独立的、常用的命令行工具,用来下载和安装 ROS 功能包的程序。为了便于后续开发,建议按如下命令安装:

```
$ sudo apt-get install python-rosinstall
```

1.3.4　测试 ROS

1. 启动 ROS

在终端中输入以下命令:

```
$ roscore
```

如果出现如图 1.33 所示的日志信息,说明 ROS 系统安装成功,可以正常启动了。

```
roscore http://kinetic:11311/
kinetic@kinetic:~$ roscore
... logging to /home/kinetic/.ros/log/87ddad3c-e0aa-11ec-9267-000c29aae71b
/roslaunch-kinetic-2678.log
Checking log directory for disk usage. This may take awhile.
Press Ctrl-C to interrupt
Done checking log file disk usage. Usage is <1GB.

started roslaunch server http://kinetic:40011/
ros_comm version 1.12.17


SUMMARY
========

PARAMETERS
 * /rosdistro: kinetic
 * /rosversion: 1.12.17

NODES

auto-starting new master
process[master]: started with pid [2689]
ROS_MASTER_URI=http://kinetic:11311/

setting /run_id to 87ddad3c-e0aa-11ec-9267-000c29aae71b
process[rosout-1]: started with pid [2702]
started core service [/rosout]
```

图 1.33　ROS 启动成功后的日志信息

2. 查看 ROS 的版本

在终端中输入以下命令：

```
$ rosversion -d
```

如果命令行输出的信息是“kinetic”，也说明 ROS 系统安装成功了。

3. 测试 ROS 的吉祥物“小海龟”程序

“小海龟”程序(turtlesim)是一个含有“小海龟”机器人的二维模拟器，可以用来简单地测试 ROS 系统运行是否正常，同时也来体验一下 ROS 的神奇与精彩之处。

启动 roscore 后，重新打开一个终端窗口，输入如下命令，启动仿真器节点：

```
$ rosrun turtlesim turtlesim_node
```

此时，将在一个新打开的窗口中出现一只小海龟。再重新打开一个终端窗口，输入如下命令，启动键盘控制节点：

```
$ rosrun turtlesim turtle_teleop_key
```

将鼠标聚焦在最后一个终端的窗口中，然后通过键盘上的方向键操作小海龟移动。如果小海龟可以正常移动，并且在屏幕上留下移动轨迹，如图 1.34 所示，说明 ROS 已经成功地安装、配置并且运行。需要说明的是，本书采用是 ROS Kinetic 版本，不同的 ROS 版本，小海龟的形状和颜色可能会不同，但操作过程是相同的。

至此，ROS 的安装、配置与测试就全部结束了，可以正式开启 ROS 机器人开发及应用的精彩旅程。

```
kinetic@kinetic: ~
kinetic@kinetic:~$ rosversion -d
kinetic
kinetic@kinetic:~$ rosrun turtlesim turtlesim_node
[ INFO] [1653978798.611510989]: Starting turtlesim with node name /turtlesim
[ INFO] [1653978798.618372562]: Spawning turtle [turtle1] at x=[5.544445], y
=[5.544445], theta=[0.000000]
```

(a)启动turtlesim节点

```
kinetic@kinetic: ~
kinetic@kinetic:~$ rosrun turtlesim turtle_teleop_key
Reading from keyboard
---------------------------
Use arrow keys to move the turtle.
```

(b)启动键盘控制节点

图 1.34 “小海龟”程序

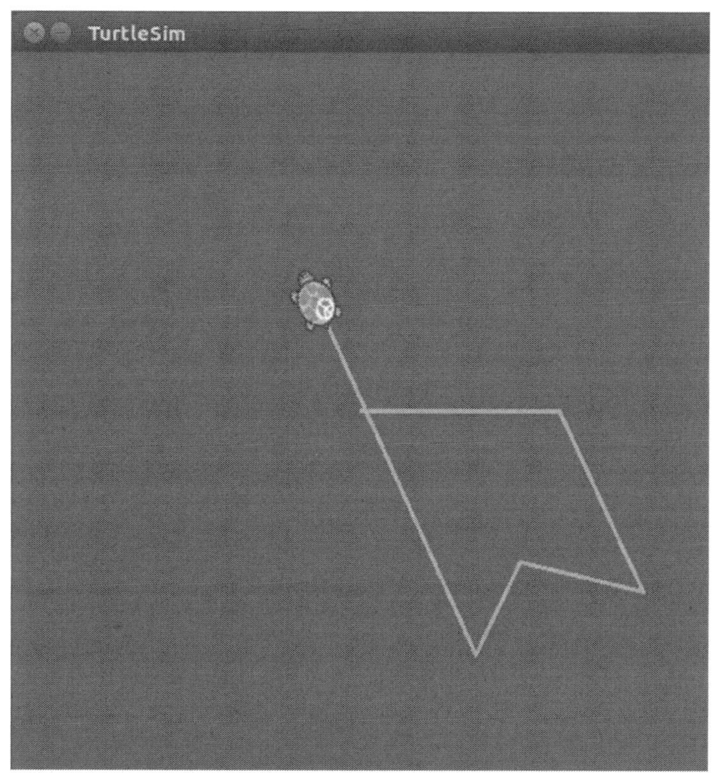

(c)启动turtlesim节点

续图 1.34

1.4 本章小结

本章主要介绍了 ROS 的产生背景、构成特点、发展历程与趋势等内容，重点学习了 ROS 在 Ubuntu 系统下的安装步骤与配置方法，并通过有趣的“小海龟”程序测试了 ROS 是否能在 Ubuntu 系统下正常运行，可谓是打开了机器人操作系统（ROS）的大门，为读者的后续学习铺平了道路。

第 2 章　ROS 系统架构

机器人操作系统(Robot Operating System,ROS)是一款优秀的机器人软件系统框架,提供了如硬件抽象描述、底层设备控制、常用功能实现、进程间消息传递以及程序包管理等功能。此外,它还集成了大量用于获取、编辑、编译代码以及跨计算机运行程序所需的工具、库函数和协议,从而简化了在各种机器人平台上实现复杂而健壮的机器人行为的过程。因此,有必要对 ROS 的系统架构有一定的了解,以便更好地使用 ROS 进行编程开发。

本章主要介绍了 ROS 的软件系统架构、应用层的文件系统结构(包括工作空间、编译系统、功能包和功能包集的概念)、通信系统架构(包括话题与消息、服务、动作库和参数服务器这四种通信方式),其中通信系统架构是 ROS 的灵魂,也是整个 ROS 系统得以正常运行的关键所在。

2.1　ROS 的软件系统架构

ROS 的软件系统架构如图 2.1 所示,可以分为三个层次:操作系统(Operating System,OS)层、中间层和应用层。

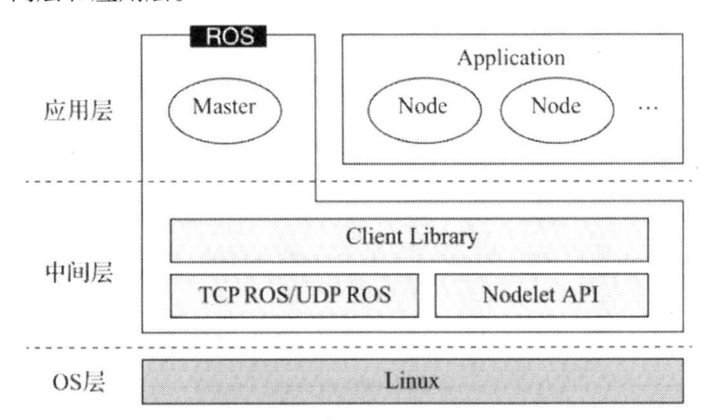

图 2.1　ROS 的软件系统架构

2.1.1　操作系统层

ROS 并不是一个传统意义上的操作系统,无法像 Windows、Mac OS、Linux 系统一样

直接运行在计算机硬件之上，而是需要依托 Linux 操作系统。

操作系统层的核心功能包括：

(1)管理计算机的硬件和软件资源。

(2)管理与配置内存。

(3)决定系统资源供需的优先次序。

(4)控制输入设备和输出设备。

(5)操作网络与管理文件系统等基本事务。

另外，操作系统还会提供一个让用户与计算机系统进行交互操作的图形用户界面 GUI，如 Windows 操作系统，或命令行接口 CLI(Command－Line Interface)，如 DOS 操作系统、Linux 操作系统中运行高级任务经常用到的计算机终端窗口(Computer Terminal)。

2.1.2　中间层

Linux 是一个通用的计算机操作系统，没有针对机器人的应用而开发特殊的中间件。ROS 在中间层做了大量的工作，其中最为重要的就是基于 TCP/UDP 网络，在此基础上进行了再次封装，开发出了 TCP ROS/UDP ROS 通信系统，使用发布/订阅主题、客户端/服务器等模型，实现多种通信机制的数据传输。

除了 TCP ROS/UDP ROS 的通信机制之外，ROS 还提供一种进程内的通信方法——Nodelet，可以为多进程通信提供一种更为优化的数据传输方式，适合对数据传输的实时性有较高要求的应用。

另外，ROS 在中间层还提供了大量为机器人应用而开发的客户端库——Client Library，如数据类型定义、坐标变换、运动控制等，可以提供给应用层使用，详见第 5 章的内容。

2.1.3　应用层

在应用层，ROS 需要运行一个管理者——节点管理器(Node Master)，来负责管理整个系统的正常运行。ROS 应用程序的开发是以功能包(Package)、进程(在 ROS 中称为节点 Node)为单位进行的，并以 ROS 标准的输入/输出作为接口，开发者不需要关注模块的内部实现机制，只需要了解接口规则即可。节点管理器将在整个网络通信架构中管理各个节点，并为节点之间的通信进行“牵线、搭桥”，可以很方便地实现代码复用，极大地提高了开发效率。

2.2 ROS 的文件系统架构

从应用程序的角度来看,ROS 也可以分为三个层次:开源社区级、文件系统级和计算图级,如图 2.2 所示。

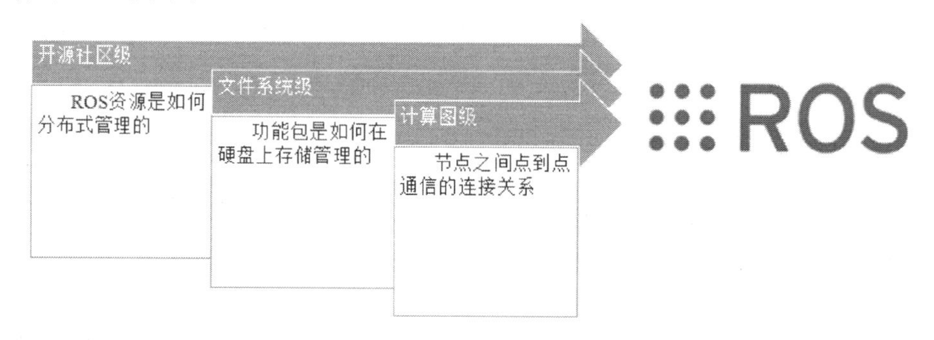

图 2.2 ROS 的应用架构

ROS 的文件系统描述了程序和文件在计算机硬盘上是如何存储、组织和管理的,主要包括:功能包集、功能包、包清单、消息类型、服务类型和代码等。

(1)功能包集(MetaPackage),又称 ROS 元包,是将某些具有特定作用的功能包组合在一起而形成的。它不包含源代码文件或数据文件,只记录了一组程序包的相关信息,提供分组功能,用于管理服务于同一应用的一组 ROS 功能包。如移动机器人的导航功能包集 Navigation,由构图包 Gmapping、定位包 AMCL 等功能包组合而成。

(2)功能包(Package),又称程序包,是 ROS 软件的独立单元,所有的源代码文件、数据文件、生成文件、依赖包和其他文件都放在程序包中。

(3)包清单(Package Manifest),是 ROS 功能包里的 package.xml 文件,记录了功能包所需的所有基本信息,包括功能包的名称、描述、作者、依赖关系、许可信息和编译标志等,通过 package.xml 文件能够对功能包进行管理。

(4)消息类型(Message Type),ROS 通过消息进行信息的传递,ROS 中有许多内建的标准消息类型,可供用户直接使用;也可以创建用户自定义的消息类型,并以扩展名 *.msg文件存储。用户自定义的消息类型文件通常都被定义、编译、保存在对应功能包中的 msgs 文件夹下。

(5)服务类型(Service Type),与消息类型相似,ROS 中有许多内建的标准服务类型,可供用户直接使用,也可以创建用户自定义的服务类型,并以扩展名 *.srv 文件存储。用户自定义的服务类型文件通常都被定义、编译、保存在对应功能包中的 src 文件夹下。

(6)代码(Code),功能包中的元代码,例如采用 C++ 语言编写的 *.cpp 文件,保存在

对应功能包中的 src 文件夹下;采用 Python 语言编写的 *. py 文件保存在对应功能包中的 script 文件夹下。

2.2.1　工作空间

在 ROS 中,所谓的工作空间(WorkSpace)就是一个保存与工程开发相关文件的文件夹,又称为 Catkin 工作空间。需要说明的是,用户可以创建多个工作空间,但是任何时刻都只能在一个工作空间中工作,即任何时刻只能看到当前工作空间中的代码。

一个典型的 Catkin 工作空间的文件存储结构如图 2.3 所示。

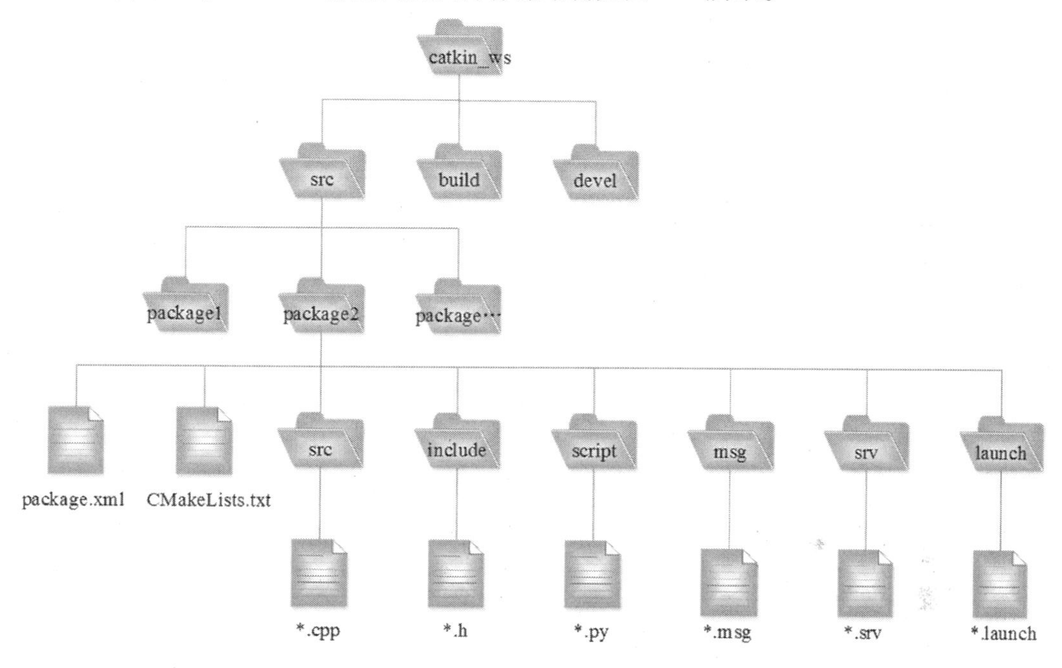

图 2.3　典型工作空间的结构

1. 工作空间的文件结构

(1)src 文件夹(Source Space,代码空间):主要用来保存功能包(Package)的源代码文件,或从远程代码库中复制过来功能包文件,是开发过程中最常用的文件夹。

src 文件夹下可能包含多个功能包,如图 2.3 中的 package1、package2,功能包中文件的具体构成详见 2.2.2 节。但是 src 文件夹下的功能包不可以重名。

(2)build 文件夹(Build Space,编译空间):主要用来保存编译过程中产生的缓存信息和中间文件,该文件夹在编译工作空间后才会自动生成。

(3)devel 文件夹(Development Space,开发空间):用来保存编译生成的目标文件,包括头文件、静态链接库、动态链接库、可执行文件等,以及 Linux 操作系统的环境变量。该文件夹也是在编译工作空间后才会自动生成的。

(4) install 文件夹(Install Space,安装空间):有些编译选项中会包括该文件夹。编译成功后,使用 make install 命令将可执行文件安装在该文件夹中。当运行某一程序时,install 文件夹中相应的可执行文件就会被加载到内存中,被 CPU 执行。

2. 创建 ROS 工作空间

在终端中输入如下命令,创建工作空间 catkin_ws 及其子文件夹 src:

```
$ mkdir -p ~/catkin_ws/src
```

其中,-p 表示创建目标路径上的所有文件夹及其子文件夹。

3. 初始化工作空间

在终端中输入如下命令,切换到 src 文件夹下,初始化 catkin 工作空间:

```
$ cd ~/catkin_ws/src
$ catkin_init_workspace
```

执行完初始化命令后,src 文件夹下将生成 CMakeLists. txt 文件。

创建 catkin 工作空间的命令行代码及其输出结果,如图 2.4 所示。可以看出,在 Ubuntu 系统的/home/cxw 文件夹(又称主文件夹)下生成了 catkin_ws 文件夹。初始化工作空间后,在 catkin_ws/src 文件夹下生成 CMakeLists. txt 文件。其中,命令 cd <Directory_path> 的功能是从当前文件夹切换至目标文件夹;命令 pwd 的功能是显示当前终端路径;命令 ls 的功能是显示当前目录中的文件和文件夹。

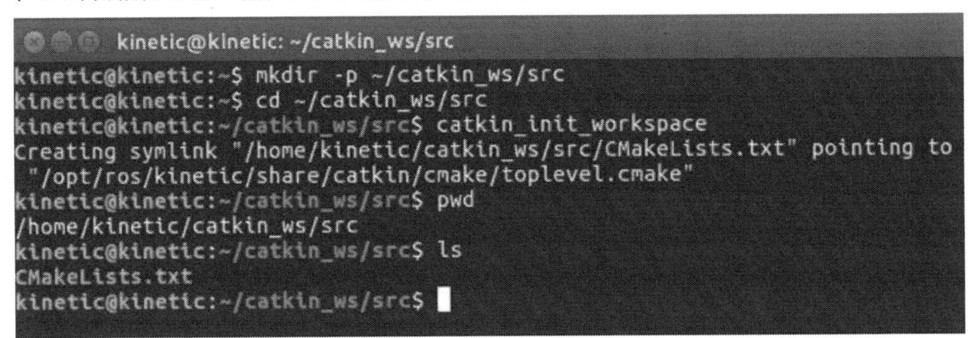

(a)创建catkin工作空间的命令

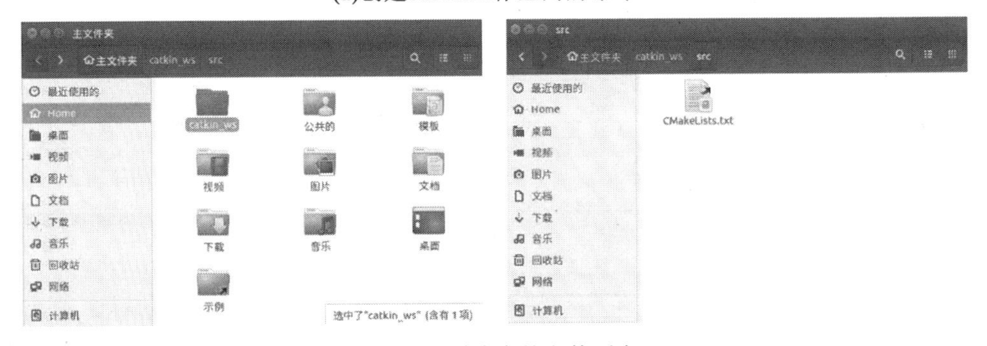

(b)在Ubuntu系统中的文件列表

图 2.4　创建 catkin 工作空间的命令及其输出结果

2.2.2　编译系统

Linux 操作系统自带的 C/C++ 编译器为 gcc 和 g++，但是随着源文件数量的增加，直接使用 gcc 或 g++ 命令来逐个编译源文件的效率就太低了。于是便出现了 cmake 编译工具，它简化了编译构建的过程，能够管理大型项目，具有良好的扩展性。ROS 对 cmake 进行了扩展，形成了一套自己的用于编译 ROS 功能包的编译系统，即 catkin 编译系统。

catkin 编译系统的工作流程为：首先，在工作空间 catkin_ws/src 下查找并编译每一个 ROS 功能包；cmake 工具依据 CMakeLists. txt 文件中给出的编译规则，生成 Makefile 文件，放在 catkin_ws/build 文件夹中；然后，make 将 Makefile 文件编译、链接，生成可执行文件，放在 catkin_ws/devel 文件夹中。catkin 编译的过程如图 2.5 所示。

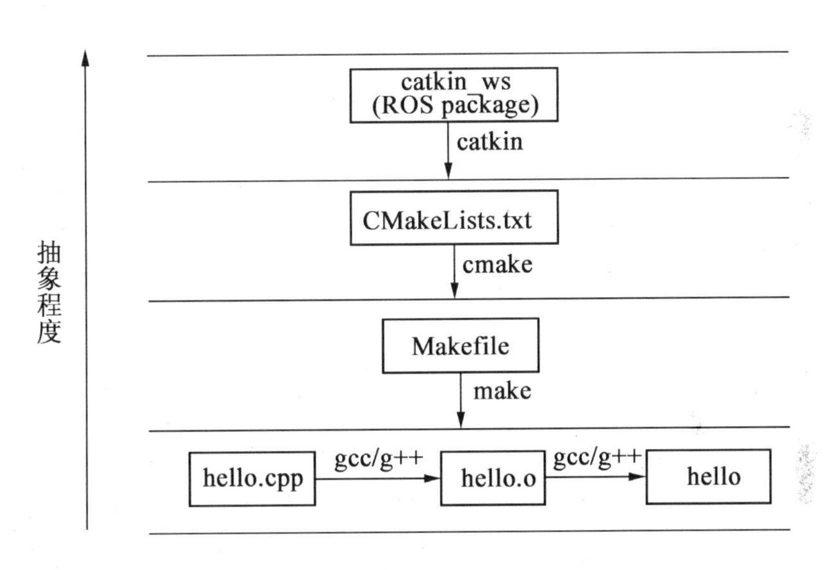

图 2.5　catkin 编译的过程

1. 编译工作空间

在终端中输入如下命令，回到 catkin 工作空间的根目录，并编译 catkin 工作空间：

```
$ cd ~/catkin_ws/
$ catkin_make
```

需要说明的是，编译之前需要回到工作空间的根目录下，catkin_make 命令在其他路径下编译不会成功。编译成功之后，在 catkin_ws 文件夹下，除了 src 文件夹之外，将会生成 build 和 devel 两个文件夹，如图 2.6 所示。命令 catkin_make 的可选参数，输入 catkin_make －h，可以查看相关的参数信息。

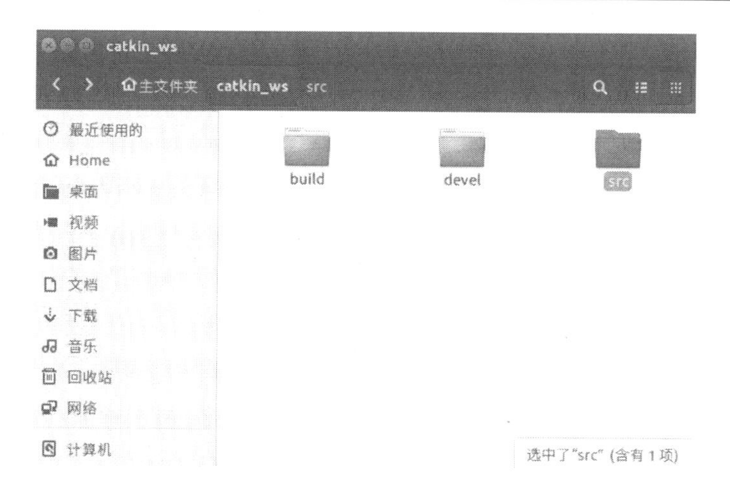

图 2.6 编译成功后生成 build 和 devel 文件夹

2. 配置环境变量

编译完成之后,需要紧跟着刷新系统的环境变量,使得系统能够找到刚刚编译生成的 ROS 可执行文件。

在终端中输入如下命令,将 catkin 工作空间 catkin_ws 的路径设置到 ROS 环境变量 ROS_PACKAGE_PATH 中,并测试环境变量是否配置成功,如图 2.7 所示。

```
$ source ~/catkin_ws/devel/setup.bash
$ echo $ROS_PACKAGE_PATH
```

```
kinetic@kinetic: ~/catkin_ws
kinetic@kinetic:~/catkin_ws$ source ~/catkin_ws/devel/setup.bash
kinetic@kinetic:~/catkin_ws$ echo $ROS_PACKAGE_PATH
/home/kinetic/catkin_ws/src:/opt/ros/kinetic/share
kinetic@kinetic:~/catkin_ws$
```

图 2.7 配置环境变量

若终端返回的信息为"/home/user/catkin_ws/src:/opt/ros/kinetic/share",则表示环境变量已经正确配置。其中,/home/user/为 Ubuntu 的 home 文件夹下的用户文件夹,本书设置的用户名为 kinetic;catkin_ws 为工作空间名,用户可以任意命名工作空间;kinetic 为 ROS 的版本号,用户安装的 ROS 版本不同,显示的版本信息也不同。

2.2.3 功能包

功能包(Package)是 catkin 编译的基本单元,也是 ROS 保存源代码的地方。

1. 功能包的文件结构

如图 2.3 所示,一个功能包通常包括以下的文件和文件夹。

(1)package. xml 文件:属于功能包的包清单文件,描述了功能包的包名、版本号、内容描述、维护人员、软件许可、编译构建工具、编译依赖、运行依赖等基本信息,是功能包中必需的文件之一。

(2)CMakeLists. txt 文件:属于编译系统的规则文件,定义了功能包的包名、源文件、依赖、目标文件等编译规则,也是功能包中必需的文件之一。

(3)src 文件夹:用来保存功能包的源代码文件,即需要编译的源代码。

(4)include 文件夹:用来保存源代码所需的头文件,包括 C++ 的源代码(*. cpp)和 Python 的 module(*. py)文件。

(5)script 文件夹:用来保存可执行的脚本文件,如 shell 脚本文件(*. sh)、python 脚本文件(*. py)。

(6)msg 文件夹:用来保存用户自定义格式的消息类型文件(*. msg)。

(7)srv 文件夹:用来保存用户自定义格式的服务类型文件(*. srv)。

(8)models 文件夹:用来保存机器人或仿真场景的 3D 模型文件(*. sda、*. stl、*. dae等)。

(9)urdf 文件夹:用来保存机器人的模型描述文件(*. urdf 或 *. macro)。

(10)launch 文件夹:用来保存功能包中所有的启动文件(*. launch 或 *. xml)。

通常,ROS 系统中的文件都是按以上规则组织的,也是约定俗成的命名习惯,建议所有 ROS 开发人员遵守。以上内容只有 CMakeList. txt 和 package. xml 两个文件是必需的,其他文件夹根据需要来确定。

2. 创建功能包

命令语法:

```
$ catkin_create_pkg PackageName Depends
```

其中,catkin_create_pkg 为创建功能包的命令;PackageName 为功能包的包名;Depends 为依赖的包名,可以依赖多个功能包。需要说明的是,创建功能包时,需要在 catkin_ws/src 文件夹下。

例:在终端中输入如下命令,创建新的功能包 ch2_package1,并将 std_msgs、roscpp 和 rospy 作为依赖包:

```
$ cd ~/catkin_ws/src
$ catkin_create_pkg ch2_package1 std_msgs roscpp rospy
```

执行上述命令后,在 src 文件夹下会生成 ch2_package1 文件夹,包含 include 和 src 两个文件夹,以及 CMakeLists. txt(编译规则)和 package. xml(包清单)两个文件,文件的内容已经根据 catkin_create_pkg 命令中提供的信息自动填写好了,如图 2. 8 所示。

```
kinetic@kinetic: ~/catkin_ws/src
kinetic@kinetic:~/catkin_ws$ cd ~/catkin_ws/src
kinetic@kinetic:~/catkin_ws/src$ catkin_create_pkg ch2_package1 std_msgs roscpp rospy
Created file ch2_package1/CMakeLists.txt
Created file ch2_package1/package.xml
Created folder ch2_package1/include/ch2_package1
Created folder ch2_package1/src
Successfully created files in /home/kinetic/catkin_ws/src/ch2_package1. Please adjust t
he values in package.xml.
kinetic@kinetic:~/catkin_ws/src$
```

(a)创建功能包的命令

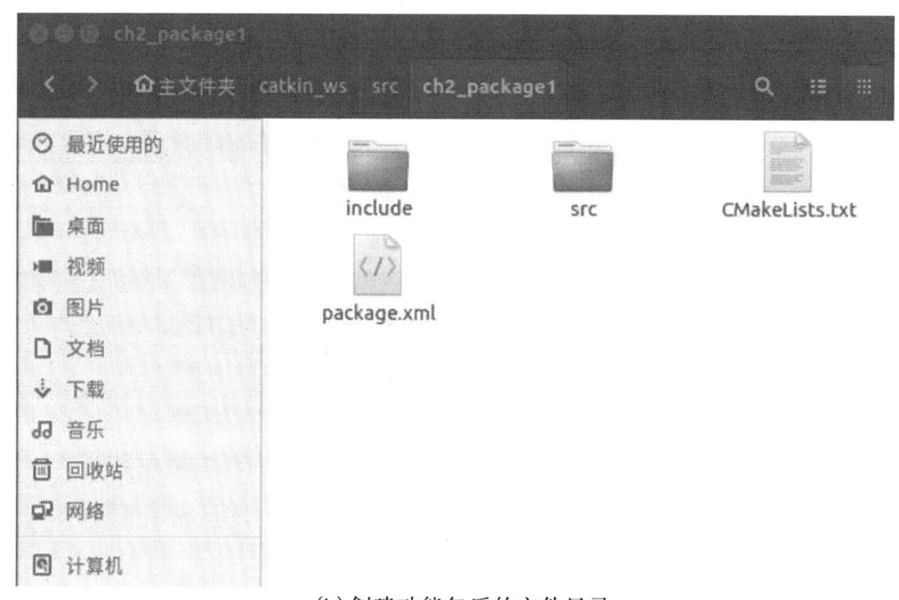

(b)创建功能包后的文件目录

图 2.8　创建功能包

3. 编译功能包

创建新的功能包之后,需要再次编译整个工作空间并配置环境变量。

在终端中输入如下命令,切换至 catkin 工作空间的根目录、编译 catkin 工作空间、配置环境变量、测试环境变量是否配置成功:

```
$ cd ~/catkin_ws/
$ catkin_make
$ source ~/catkin_ws/devel/setup.bash
$ echo $ROS_PACKAGE_PATH
```

catkin_make 命令会在 catkin_ws/src 文件夹中查找并编译每一个 ROS 功能包(Package),并会在 build 文件夹中创建一些中间编译文件和中间缓存文件。这些缓存文件可以避免重复编译一些功能包。例如:src 文件夹中原有的 2 个功能包已经被编译过了,又在 src 文件夹下新建了一个功能包,那么再一次执行 catkin_make 命名就只有新的功能包被编译,这就是 build 文件夹中的缓存文件在起作用。如果用户删除了 build 文件夹,那

么所有的功能包都将会被重新编译。

至此,一个功能包就创建并编译完成了。需要说明的是,功能包不能相互嵌套,即不能在 ch2_ package1 文件夹下再创建新功能包,所有的功能包都需要在工作空间的 catkin_ws/src 文件夹下创建。

4. package. xml 文件解读

package. xml 文件是功能包(Package)的必备文件之一,它是这个功能包的描述文件,在较早的 ROS 版本(rosbuild 编译系统)中,这个文件命名为 manifest. xml,用于描述 package 的基本信息。如果你在网上看到一些 ROS 项目里包含着 manifest. xml,那么它多半是 Hydro 版本之前的项目了。

每个功能包都包含一个名为 package. xml 的功能包清单,用于记录功能包的基本信息,包含了 package 的名称、版本号、内容描述、维护者、软件许可证、编译构建工具、编译依赖项、运行依赖项等信息。实际上,rospackfind 和 rosdep 等命令之所以能快速定位和分析出 package 的依赖项信息,就是因为直接读取了每一个 package 中的 package. xml 文件,它为用户提供了快速了解一个 package 的渠道。

package. xml 遵循 xml 标签文本的写法,由于版本更迭的原因,现在有两种格式(format1 与 format2),不过区别不大。

在老版本(format1)中,package. xml 通常包含以下标签:

```
<package>                          #根标记文件
  <name>                           #包名
  <version>                        #版本号
  <description>                    #内容描述
  <maintainer>                     #维护者
  <license>                        #软件许可证
  <buildtool_depend>               #编译构建工具,通常为 catkin
  <build_depend>                   #编译依赖项
  <run_depend>                     #运行依赖项
</package>
```

标签中的第 1 ~ 6 个为必备标签,第 1 个是根标签,嵌套了其余的所有标签;第 2 ~ 6 个为包的各种属性;第 7 ~ 9 个为编译的相关信息。用户可以根据实际需要,删减标签并更改内容,从而生成新的 package. xml 文件。

在新版本(format2)中,package. xml 通常包含以下标签:

```
<package>                          #根标记文件
  <name>                           #包名
  <version>                        #版本号
  <description>                    #内容描述
```

```
    <maintainer>                        #维护者
    <license>                           #软件许可证
    <buildtool_depend>                  #编译构建工具,通常为 catkin
    <depend>                            #指定依赖项为编译、导出、运行需要的依赖,最常用
    <build_depend>                      #编译依赖项
    <build export_depend>               #导出依赖项
    <exec_depend>                       #运行依赖项
    <test_depend>                       #测试用例依赖项
    <doc_depend>                        #文档依赖项
</package>
```

可以看出,新版本的 package. xml 在格式上增加了一些内容,相当于将之前的 build 和依赖项的描述进行了细分。目前,Indigo、Kinetic、Lunar 等版本的 ROS 都同时支持两种版本的 package. xml,所以无论选哪种格式都可以。

为了说明 package. xml 的写法,以 turtlesim(小海龟)功能包的 package. xml 文件为例,并添加了相关的注释信息。

在老版本(format1)中,写法如下:

```
<?xml version="1.0"?>  <!--本示例为老版本的 package.xml-->
<package>  <!--package 为根标签,写在最外面-->  <name>turtlesim</
name>
    <version>0.8.1</version>
    <description>
    turtlesim is a tool made for teaching ROS and ROS packages.
    </description>
    <maintainer email="dthomas@osrfoundation.org">Dirk Thomas</maintai-
ner>
    <license>BSD</license>

    <url type="website">https://www.ros.org/wiki/turtlesim</url>
    <url type="bugtracker">https://github.com/ros/ros_tutorials/issues</
url>
    <url type="repository">https://github.com/ros/ros_tutorials</url>
    <author>Josh Faust</author>

    <!--编译工具为 catkin-->
    <buildtool_depend>catkin</buildtool_depend>

    <!--编译时需要依赖以下包-->
```

```
    <build_depend>geometry_msgs</build_depend>
    <build_depend>gtbase5-dev</build_depend>
    <build_depend>message_generation</build_depend>
    <build_depend>gt5-amake</build_depend>
    <build_depend>rosconsole</build_depend>
    <build_depend>roscpp</build_depend>
    <build_depend>roscpp_serialization</build_depend>
    <build_depend>roslib</build_depend>
    <build_depend>rostime</build_depend>
    <build_depend>std_msgs</build_depend>
    <build_depend>std_srvs</build_depend>

    <!--运行时需要依赖以下包-->
    <run_depend>geometry_msgs</run_depend>
    <run_depend>libqt5-core</run_depend>
    <run_depend>libqt5-gui</run_depend>
    <run_depend>message_runtime</run_depend>
    <run_depend>rosconsole</run_depend>
    <run_depend>roscpp</run_depend>
    <run_depend>roscpp_serialization</run_depend>
    <run_depend>roslib</run_depend>
  </package>
```

在新版本(format2)中,写法如下:

```
  <?xml version="1.0"?>
  <package format="2">    <!--在声明 package 时指定 format2 为新版格式-->
    <name>turtlesim</name>
    <version>0.8.1</version>
    <description>
   turtlesim is a tool made for teaching ROS and ROS packages.
    </description>
    <maintainer email="dthomas@osrfoundation.org">Dirk Thomas</maintai-
ner>
    <license>BSD</license>

    <url type="website">https://www.ros.org/wiki/turtlesim</url>
    <url type="bugtracker">https://github.com/ros/ros_tutorials/issues</
url>
```

```
  <url type="repository">https://github.com/ros/ros_tutorials</url>
  <author>Josh Faust</author>

  <!--编译工具为 catkin-->
  <buildtool_depend>catkin</buildtool_depend>

  <!--用 depend 来整合 buid_depend 和 run_depend>
  <depend>geometry_msgs</depend>
  <depend>rosconsole</depend>
  <depend>roscpp</depend>
  <depend>roscpp_serialization</depend>
  <depend>roslib</depend>
  <depend>rostime</depend>
  <depend>std_msgs</depend>
  <depend>std_srvs</depend>

  <!--build_depend 标签未变-->
  <build_depend>qtbase5-dev</build_depend>
  <build_depend>message_generation</build_depend>
  <build_depend>qt5-cmake</build_depend>

  <!--run_depend 要改为 exec_depend-->
  <exec_depend>libqt5-core</exec_depend>
  <exec_depend>libgt5-gui</exec_depend>
  <exec_depend>message_runtime</exec_depend>
</package>
```

5. CMakeLists. txt 文件解读

CMakeLists. txt 文件也是功能包(Package)的必备文件之一。CMakeLists. txt 原本是 cmake 编译系统的规则文件,而 catkin 编译系统基本沿用了 cmake 的编译风格,只是针对 ROS 工程添加了一些宏定义。所以在写法上,catkin 的 CMakeLists. txt 与 cmake 的基本一致。CMakeLists. txt 文件直接规定了某个功能包(Package)需要依赖哪些 package、要编译生成哪些目标文件、如何编译等流程。它指定了由源代码到目标文件的编译规则,catkin 编译系统在工作时首先会找到每个功能包下的 CMakeLists. txt,然后按照规则来编译构建。

CMakeLists. txt 的基本语法按照 cmake 的语法标准,而 catkin 在其中加入了少量的宏,总体结构如下:

```
cmake_minimum_required( )  #cmake 的版本号
project( )                 #项目名称
find_package( )            #找到编译需要的其他 cmake/catkin package
catkin_python_setup( )     #catkin 新加宏,打开 catkin 的 Python module 的支持
add_message_files( )       #catkin 新加宏,添加自定义 message/service/action 文件
add_service_files()
add_action_files( )
generate_messages( )       #catkin 新加宏,生成不同语言的 msg/srv/action 接口
catkin_package( )          #catkin 新加宏,生成当前 package 的 cmake 配置,
                           #供依赖本包的其他功能包调用
add_library( )             #生成库
add_executable( )          #生成可执行的二进制文件
add_dependencies( )        #定义目标文件依赖于其他目标文件,
                           #确保其他目标文件已被构建
target_link_libraries( )   #链接
catkin_add_gtest( )        #catkin 新加宏,生成测试
install( )                 #安装至本机
```

各行标签的解释如下:

(1)cmake_minimum_required( ):用于指定 catkin 的最低版本。

(2)project( ):用于定义功能包的名称。定义名称后,再次使用功能包名称时可用变量 ${PROJECT_NAME}来代替。功能包名称与 package. xml 文件的 <name> 标签中的功能包名称必须相同,如果不一致,在编译时会发生错误。

(3)find_package( ):查找编译时需要的依赖包。通常至少有一个依赖包。代码示例如下:

```
find_package ( PCL REQUIRED COMPONENT common io )
```

其中,REQUIRED 表示编译时必须要找到 PCL 包,如果找不到就不进行编译。同时,COMPONENT 表示要查找 PCL 包需要 common 和 io 包。find_package 仅用于查找编译时所需的包,不能用于查找运行时的依赖包。

(4)catkin_python_setup( ):使用 rospy 时需要该宏,其作用是调用 Python 的安装过程文件 setup. py。

(5)add_message_files( ):添加待编译功能包中 msg 文件夹下的 * . msg 文件。

(6)add_service_files( ):添加待编译功能包中 srv 文件夹下的 * . srv 文件。

(7)add_action_files( ):添加待编译功能包中 action 文件夹下的 * . action 文件。

(8)generate_messages( ):生成消息/服务/动作,设置依赖的消息包。例如,生成的消息必须依赖 std_msgs,则输入如下代码:

```
generate_messages ( DEPENDENCIES std_msgs)
```

(9)generate_dynamic_reconfigure_options( ):该宏是实现动态参数配置时,加载要引用的配置文件的设置。

(10)catkin_package( ):指定 catkin 信息给编译系统生成 cmake 文件。在使用 add_library( )或 add_executable( )声明任何目标之前,必须调用 catkin_package ( )。

(11)include_directories( ):设置头文件的搜索路径。

(12)add_library( ):声明编译之后需要生成的库文件。

(13)add_executable( ):将待编译功能包的 *. cpp 文件生成可执行文件。

(14)add_dependencies( ):添加依赖项。

(15)target_link_libraries( ):指定可执行文件需要链接的库。

为了详细地了解 CMakeLists. txt 文件的写法,仍以 turtlesim(小海龟)功能包为例,其 CMakeLists. txt 文件的写法如下:

```
cmake_minimum_required(VERSION 2.8.3)  #cmake 至少为 2.8.3 版本
project(turtlesim)
#项目(package)名称为 turtlesim,
#在后续文件中可使用变量 ${PROJECT_NAME}来引用项目名称 turltesim

find_package(catkin REQUIRED COMPONENTS geometry_msgs message_generation
rosconsole roscpp roscpp_serialization roslib rostime std_msgs std_srvs)
#cmake 宏,指定依赖的其他 package,实际是生成了一些环境变量,
#如 <NAME>_FOUND、<NAME>_INCLUDE_DIRS、<NAME>_LIBRARIES
#此处 catkin 是必备依赖,其余的 geometry_msgs……为组件

find_package(Qt5Widgets REQUIRED)
find_package(Boost REQUIRED COMPONENTS thread)

include_directories(include ${catkin_INCLUDE_DIRS} ${Boost_INCLUDE_
DIRS})
#指定 C++ 的头文件路径
Link_directories(${catkin_LIBRARY_DIRS})
#指定链接库的路径

add_message_files(DIRECTORY msg FILES Color.msg Pose.msg)
#自定义 msg 文件

Add_service_files(DIRECTORY srv FILES
Kill.srv
```

```
SetPen.srv
Spawn.srv
TeleportAbsolute.srv
TeleportRelative.srv)
#自定义 srv 文件

generate_messages(DEPENDENCIES geometry_msgs std_msgs std_srvs)
#在 add_message_files、add_service_files 宏之后必须加上这句话，
#用于生成 srv、msg 头文件和 Python 的 module,生成的文件位于 devel/include 中

catkin_package(CATKIN_DEPENDS geometry_msgs message_runtime std_msgs std_
srvs)
#catkin 宏命令,用于配置 ROS 的 package 配置文件和 cmake 文件

#这个命令必须在 add_library( )或者 add_executable( )之前调用,该函数有 5 个可选参数：
#(1)  INCLUDE_DIRS——导出包的 include 路径
#(2)  LIBRARIES——导出项目中的库
#(3)  CATKIN_DEPENDS——该项目依赖的其他 catkin 项目
#(4)  DEPENDS——该项目所依赖的非 catkin、cmake 项目
#(5)  CFG_EXTRAS——其他配置选项

set (turtlesim_node_SRCS
src/turtlesim.cpp
src/turtle.cpp
src/turtle_frame.cpp)
set(turtlesim_node_HDRS
include/turtlesim/turtle_frame.h)
#指定 turtlesim_node_SRCS、turtlesim_node_HDRS 变量

qt5_wrap_cpp(turtlesim_node_MOCS ${turtlesim_node_HDRS})
add_executable(turtlesim_node ${turtlesim_node_SRCS} ${turtlesim_node_
MOCS})
#指定可执行文件目标 turtlesim_node

target_link_libraries(turtlesim_node Qt5::Widgets ${catkin_LIBRARIES}
 ${Boost_LIBRARIES})
#指定链接可执行文件
```

```
add_dependencies(turtlesim_node turtlesim_gencpp)

add_executable(turtle_teleop_key tutorials/teleop_turtle_key.cpp)
target_link_libraries(turtle_teleop_key ${catkin_LIBRARIES})
add_dependencies(turtle_teleop_key turtlesim_gencpp)

add_executable(draw_square tutorials/draw_square.cpp)
target_link_libraries(draw_square $(catkin_LIBRARIES) $(Boost_LIBRARIES))
add_dependencies(draw_square turtlesim_gencpp)

add_executable(mimic tutorials/mimic.cpp)
target_link_libraries(mimic ${catkin_LIBRARIES})
add_dependencies(mimic turtlesim_gencpp)
#同样指定可执行目标、链接、依赖

install(TARGETS turtlesim_node turtle_teleop_key draw_square mimic
RUNTIME DESTINATION ${CATKIN_PACKAGE_BIN_DESTINATION})
#安装目标文件到本地系统
install(DIRECTORY images
DESTINATION ${CATKIN_PACKAGE_SHARE_DESTINATION}
FILES_MATCHING PATTERN "*.png" PATTERN "*.svg")
```

2.2.4 功能包集

功能包集(MetaPackage),又称元功能包,主要作用是将多个功能接近或相互依赖的功能包整合在一起,构成一个功能包集合。例如:ROS 的导航元功能包,其中包括了建模、定位、导航等多个功能包。

表 2.1 常用的元功能包

名称	功能描述
navigation	导航相关的功能包集合
moveit	机械臂运动规划相关的功能包集合
image_pipeline	图像处理相关的功能包集合
vision_opencv	与 OpenCV 交互的功能包集合
turtlebot	小海龟机器人(TurtleBot)相关的功能包集
pr2_robot	PR2 机器人驱动功能包集合

以 ros_academy_for_beginners 为例介绍功能包集(MetaPackage)的写法。在教学包内,有一个 ros_academy_for_beginners 功能包,该包即为一个 MetaPackage,其中有且仅有两个文件:CMakeLists. txt 和 package. xml。

CMakeLists. txt 的写法如下:

```
cmake_minimum_required (VERSION 2.8.3)
project (ros_academy_for_beginners)
find_package (catkin REQUIRED)
catkin_metapackage( )
#声明本功能包是一个 MetaPackage
```

package. xml 的写法如下:

```
<package>
  <name>ros_academy_for_beginners</name>
  <version>17.12.4</version>
  <description>
  ------------------------------------------
    A ROS tutorial for beginner level learners.This metapackage includes some
demos of topic, service, parameter server, tf, urdf, navigation, SLAM …

    It tries to explain the basic concepts and usages of ROS.
  ------------------------------------------
  </description>
  <maintainer email="chaichangkun@163.com">Chai Changkun</maintainer>
  <author>Chai Changkun</author>
  <license>BSD</license>
  <url>https://www.droid.ac.cn</url>
  <buildtool_depend>catkin</buildtool_depend>
  <run_depend>navigation_sim_demo</run_depend>
  <!--注意这里的 run_depend 标签,将其他功能包都设为依赖项-->

  <run_depend>param_demo</run_depend>
  <run_depend>robot_sim_demo</run_depend>
  <run_depend>service_demo</run_depend>
  <run_depend>slam_sim_demo</run_depend>
  <run_depend>tf_demo</run_depend>
  <run_depend>topic_demo</run_depend>
  <export> <!--这里需要有 export 和 metapackage 标签,注意这种固定写法-->
  <metapackage/>
```

```
  </export>
</package>
```

MetaPackage 中的两个文件和普通的 CMakeLists. txt、package. xml 文件的不同点如下。

(1)CMakeLists. txt 文件中加入了 catkin_metapackage( )宏,指定本功能包为一个功能包集(MetaPackage)。

(2)package. xml 文件的标签将所有功能包列为依赖项,标签中添加标签声明。

2.3 ROS 的通信系统架构

ROS 是一个分布式框架,通信系统架构是 ROS 最底层最核心的技术,是 ROS 的灵魂,也是整个系统正常运行的关键所在。

一个功能包(Package)里可以有多个可执行文件,一个可执行文件被运行后就是一个进程,在 ROS 中称为一个节点(Node)。要掌握 ROS 的通信系统架构,需要先了解节点的运行原理和节点之间的通信方式,包括话题、服务、动作库和参数服务器四种通信方式。

2.3.1 节点与节点管理器

1. 节点(Node)

一个节点就是一个执行运算任务的进程。从程序的角度来说,一个节点就是一个可执行文件被加载到了计算机的内存之中,并在 CPU 中执行;从功能的角度来说,一个节点完成机器人某一个单独的功能。

由于机器人的功能通常非常复杂,通常不会把所有功能都集中在一个节点上,而是采用分布式的结构,由众多的节点分别独立完成,这就需要用到节点管理器(Node Master)。

2. 节点管理器(Node Master)

节点管理器在整个分布式结构中相当于管理员的角色,首先各个节点运行时需要在节点管理器上注册,然后节点管理器将该节点纳入整个 ROS 系统之中,当节点之间需要通信时,也是由节点管理器进行“牵线搭桥”的,然后才能在两个节点之间建立“点对点(P2P)”的通信。

因此,当 ROS 启动时,需要先启动节点管理器(Node Master),然后再根据需要启动各节点(Node)。节点管理器(Node Master)与节点(Node)之间,以及节点(Node)与节点(Node)之间的关系如图 2.9 所示。

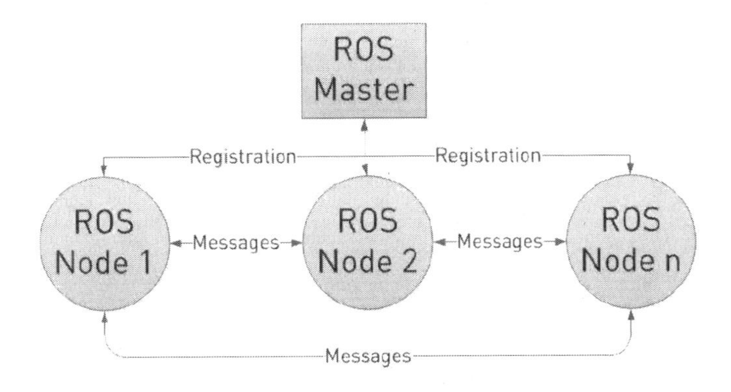

图 2.9　ROS 中节点管理器与节点之间的关系

启动 ROS 节点管理器(Node Master)的命令为:

```
$ roscore
```

启动 ROS 节点管理器的同时,还启动了 rosout 和 parameter server(参数服务器)。其中,rosout 是负责日志输出的一个节点,其作用是告知用户当前系统的状态,包括输出系统的 error、warning 等,并且将 log 记录于日志文件中;parameter server 并不是一个节点,而是存储配置参数的一个服务器,详见 2.3.6 节。每一次运行 ROS 的节点前,都需要先启动节点管理器,才能够保证其他节点的注册和启动。启动节点管理器之后,节点管理器开始按照系统的安排协调启动具体的节点。

一个功能包(Package)中存放着多个可执行文件,可执行文件是静态的,当系统执行这些可执行文件并将这些文件加载到内存中时,就成了动态的节点(Node)。

按照以下格式输入命令启动节点:

```
$ rosrun pkg_name node_name
```

其中,pkg_name 为功能包的包名,node_name 为需要启动节点的节点名。

查看系统当前的节点信息可以使用 rosnode 命令,如图 2.10 和表 2.2 所示。

```
$ rosnode list
```

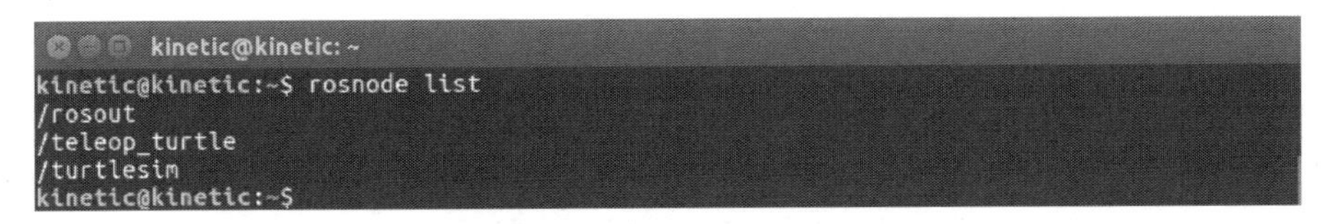

图 2.10　ROS 中当前运行的节点信息

表 2.2　rosnode 命令的用法

rosnode 命令	作用
rosnode list	列出当前运行的节点信息
rosnode info node name	显示节点的详细信息

续表 2.2

rosnode 命令	作用
rosnode kill node name	结束某个节点
rosnode ping	测试连接节点
rosnode machine	列出在特定机器或列表机器上运行的节点
rosnode cleanup	清除不可到达节点的注册信息

可以看出,当前系统中正在运行的节点有 rosout(负责日志输出的节点)、teleop_turtle(键盘控制节点)和 turtlesim(“小海龟”程序节点)。

2.3.2 launch 启动文件

机器人是一个系统工程,通常一个机器人运行操作时要开启很多个节点。当节点太多时,手动依次启动每个节点的方法显然是不现实的,此时可以使用 launch 启动文件。任何包含两个或两个以上节点的系统都可以利用 launch 启动文件来指定和配置需要使用的节点。

launch 启动文件是一个典型的 XML 文件,以 *.launch 为扩展名,一般保存在功能包(Package)文件夹下的 launch 文件夹中。*.launch 文件遵循 XML 的格式规范,是一个标签文本,包含以下标签:

```
<launch>   <!--根标签-->
  <node>   <!--需要启动的节点及其参数-->
  <include>   <!--包含其他 launch-->
  <machine>   <!--指定运行的机器-->
  <env-loader>   <!--设置环境变量-->
  <param>   <!--定义参数到参数服务器-->
  <rosparam>   <!--启动 yaml 文件参数到参数服务器-->
  <arg>   <!--定义变量-->
  <remap>   <!--设定参数映射-->
  <group>   <!--设定命名空间-->
</launch>   <!--根标签-->
```

需要说明的是,每个 XML 文件都必须要包含一个根元素,根元素由一对 <launch> 标签定义,即“<launch>… </launch>”,文件中的其他内容都必须包含在这对根标签之内;启动文件的核心是启动 ROS 节点,采用 <node> 标签定义。除了这两个标签,还需要关注 <param>、<arg>、<remap> 这几个常用的标签。

ROS 官网给出了一个最简单的 launch 启动文件的例子,XML 文件中所包含的信息是:启动了一个单独的节点 talker,该节点是 rospy_tutorials 功能包中的节点。

```
<launch>
  <node name="talker" pkg="rospy_tutorials" type="talker" />
</launch>
```

可以看出，在 launch 启动文件中启动一个节点最少需要三个属性：name、pkg 和 type。其中，name 属性用来定义节点运行的名称，将覆盖节点中 init( )赋予节点的名称；pkg 定义节点所在的功能包名称；type 定义节点的可执行文件名称。这三个属性等同于在终端使用 rosrun 命令启动节点时的输入参数。这是三个最常用的属性，在有些情况下，我们还有可能用到以下属性。

(1) output ＝ "screen"，将节点的标准输出打印到终端的屏幕上，而系统默认的输出为日志文档。

(2) respawn ＝ "true"，复位属性，该节点停止时会自动重启，默认为 false。

(3) required ＝ "true"，必要节点，当该节点终止时，launch 文件中规定的其他节点也将被终止。

(4) ns ＝ "namespace"，命名空间，为节点内的相对名称添加命名空间前缀。

(5) args ＝ "arguments"，节点需要的输入参数。

实际应用中的 launch 启动文件往往要复杂很多，以 ros_academy_for_beginners 中的 robot_sim_demo 的 robot_spawn. launch 为例，详细介绍 launch 启动文件的结构：

```
<launch>
  <!--arg 是 launch 标签中的变量声明，arg 的 name 为变量名，default 或者 value 为值-->
  <arg name="robot"default="xbot2"/>
  <arg name="debug"default="false"/>
  <arg name="gui" default="true"/>
  <arg name="headless" default="false"/>
  <!-- Start Gazebo with a blank world-->
  <include file="$(find gazebo_ros)/launch/empty_world.launch"><!--include 用嵌套仿真场景的 launch 文件-->
  <arg name "world_name" value="$(find robot_sim_demo)/worlds ROS-Academy.world"/>
  <arg name="debug" value="$(arg debug)" />
  <arg name="gui" value="$(arg gui)" />
  <arg name="paused" value="false"/>
  <arg name="use_sim_time" value="true"/>
  <arg name="headless" value="$(arg headless)"/>
  </include>
```

```
<! - - Oh, you wanted a robot? - - > <! - -嵌套了机器人的 launch 文件 - - >
<include file = " $(find robot_sim_demo)/launch/include/$(arg robot).launch.xml" />
<! - -如果你想连同 Rviz 一起启动,可以按照以下方式加入 Rviz 这个节点 - - >
<! - -node name = "rviz" pkg = "rviz" type = "rviz" args = " -d $(find robot_sim_demo) /urdf_gazebo.rviz" /- - >
</launch>
```

这个 launch 启动文件相比上一个简单的例子来说,内容稍微复杂些。它的作用是启动 Gazebo 模拟器,导入参数内容,加入机器人模型。对于初学者,不要求掌握每一个标签的作用,但至少应该有一个印象。如果需要自己写 launch 启动文件,可以先从改 launch 启动文件的模板入手,基本可以满足普通项目的要求。

在终端中输入以下命令,运行启动文件:

```
$ roslaunch pkg_name file_name.launch
```

其中,pkg_name 为功能包的包名,file_name. launch 为启动文件名。

roslaunch 命令首先会检测系统中的 roscore 有没有运行,也就是确认节点管理器是否在运行状态中。如果节点管理器没有启动,那么 roslaunch 就会首先启动节点管理器,然后再按照 launch 的规则执行,依次启动各节点。launch 文件里已经配置好了各节点的启动规则,所以 roslaunch 就像是一个启动工具,能够按照预先配置的规则把多个节点一次性启动起来,避免用户在终端中逐条输入 rosrun 命令。

2.3.3 话题(Topic)与消息(Message)

在 ROS 的四种通信方式中,话题(Topic)是常用的一种,对于实时性、周期性的消息,使用话题来传输是最佳的选择。

1. 话题的通信原理

话题(Topic)是一种点对点(P2P)的单向通信方式,这里的“点”指的是节点(Node),也就是说,节点之间可以通过话题方式来传递信息。话题通信的流程示意图如图 2.11 所示,可以概括为以下几个步骤。

(1)发布节点(Publisher, Talker)和订阅节点(Subscriber, Listener)启动后,到节点管理器(Node Master)上进行注册。

(2)发布节点发布一个消息(Message)到话题(Topic)上。

(3)订阅节点在节点管理器的指挥下订阅该话题,从而建立与发布节点之间的点到点(P2P)的通信。

(4)发布节点将消息发送给订阅节点。

需要说明的是,话题中消息的发送是单向的、异步的通信方式,即只有从发布节点到

订阅节点的消息，而没有从订阅节点到发布节点的反馈信息。

(5)订阅节点接收到消息后，会触发回调函数(Callback)，对消息的内容进行处理，将处理后的数据再打包成新的消息，发布到另一个主题上，依此类推，直到机器人根据传感器检测到的信息完成相应的动作。

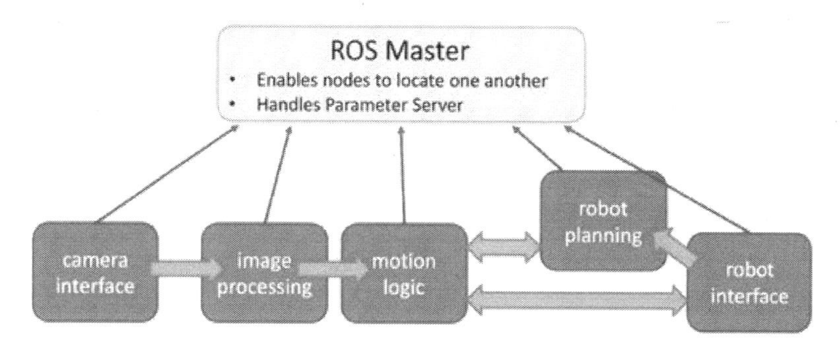

图 2.11 话题通信的流程示意图

2. 消息的概念

话题(Topic)有着严格的格式要求，如摄像头拍摄到的 RGB 图像发布到图像 Topic 上，必须要遵循 ROS 中定义好的 RGB 图像格式，这个数据格式就是消息(Message)，文件类型为 *.msg。

从用户的角度看，消息就是一个数据包，需要查询关键字(消息类型描述)进行解析，并重构出对应的数据结构。一个简单的例子就是 Float64，它的定义在 ROS 内置程序包 std_msgs 中，帮助发布节点把浮点数封装到所定义的 64 位比特流中，同时也帮助订阅节点把这些比特流解析为浮点数。

3. 话题的通信示例

以摄像头拍摄到的 RGB 图像的发布、处理、显示过程为例，介绍话题通信的系统架构，如图 2.12 所示。在机器人上安装一个摄像头，其驱动程序可以看成是一个节点(发布节点 Publisher，用圆形表示，记为 Node1)，它会周期性地发布图像消息(Message)到一个叫作/camera_rgb 的主题(Topic，用矩形表示)上，消息中包含了 RGB 信息，即摄像头拍摄到的彩色图片；图像处理程序也是一个节点(订阅节点 Subscriber，用圆形表示，记为 Node2)，它订阅了/camera_rgb 主题；经过节点管理器(Node Master)的“牵线搭桥”，Node1 与 Node2 之间会建立点到点的连接。

话题属于单向的、异步的通信方式，Node1 每发布一个消息之后，就会继续执行下一个动作，至于消息是什么状态、有没有被接收到、会被怎样处理，Node1 并不关心；而对于 Node2，它只负责接收和处理/camera_rgb 主题上的消息，至于是谁发来的，它也并不关心。因此，Node1 与 Node2 两者都各司其职，不存在协同工作，称为松耦合的通信方式。

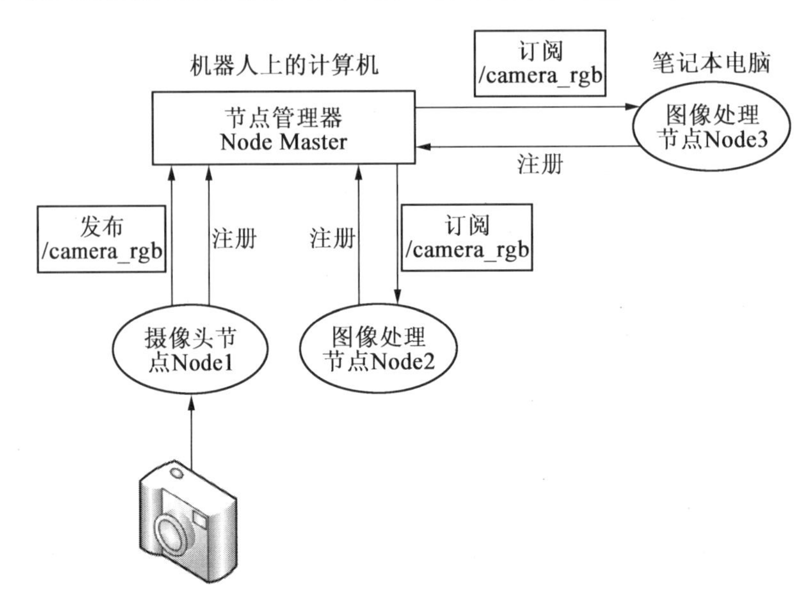

图 2.12　话题通信的系统架构

另外,ROS 是一种分布式的架构,一个 Topic 可以被多个节点同时发布,也可以同时被多个节点订阅。比如在图 2.12 所示的应用场景中,用户可以再加入一个图像显示的节点 Node3,如果想看看摄像头拍摄到的彩色图片,可以将自己的笔记本电脑作为 Node3 连接到节点管理器上,然后在笔记本电脑上启动图像显示节点 Node3。这体现了分布式系统通信的优点:扩展性好、软件复用率高。

对主题通信方式的总结如下。

(1)Topic 通信是单向的、异步的,发送时调用 publish( )函数,发送完成就立即返回,不用等待反馈信号。

(2)订阅节点(Subscriber)通过回调函数(Callback)触发动作,完成对消息的处理。

(3)同一个 Topic 可以同时有多个 Subscriber,也可以同时有多个 Publisher。

4. 话题的相关操作命令

与话题相关的操作命令见表 2.3,熟练使用这些命令可以帮助用户更好地了解 ROS 系统中的话题通信。

查看系统当前的话题信息,可以使用 rostopic 命令,如图 2.13 和表 2.3 所示。

```
$ rostopic list
```

表 2.3　rostopic 命令的用法

rostopic 命令	作用
rostopic list	列出当前所有的 Topic
rostopic info topic_name	显示某个 Topic 的属性信息

续表 2.3

rostopic 命令	作用
rostopic echo topic_name	显示某个 Topic 的内容
rostopic pub topic_name	向某个 Topic 发布内容
rostopic bw topic_name	查看某个 Topic 的带宽
rostopic hz topic_name	查看某个 Topic 产生消息的频率
rostopic find topic_type	查找某个类型的 Topic
rostopic type topic_name	查看某个 Topic 的类型(msg)

```
kinetic@kinetic: ~
kinetic@kinetic:~$ rostopic list
/rosout
/rosout_agg
/turtle1/cmd_vel
/turtle1/color_sensor
/turtle1/pose
kinetic@kinetic:~$
```

图 2.13　ROS 中当前所有的主题

5. 话题的操作实例

(1)首先打开 ros_academy_for_beginners 的模拟场景,输入命令:

```
$ roslaunch robot_sim_demo robot_spawn.launch
```

可以看到仿真的模拟环境,该 launch 文件启动了模拟场景和机器人。

(2)再打开一个终端窗口,查看当前模拟器中存在的 Topic,输入命令:

```
$ rostopic list
```

可以看到许多的 Topic,可以将它们视为模拟器与外界交互的接口。

(3)查询 topic “/camera/rgb/image_raw”的相关信息,输入命令:

```
$ rostopic info camera/rgb/image_raw
```

则会显示信息类型(type)、发布者和订阅者的信息。

(4)在上一步的演示中可以得知,并没有订阅者订阅该话题(Topic)。

可以指定 image_view 来接收这个消息,输入命令:

```
$ rosrun image_view image_view image:= <image topic> [transport]
```

例如运行命令:

```
$ rosrun image_view image_view image:= /camera/rgb/image_raw
```

会出现一张 RGB 图片,其 message 类型即为上一步中的信息类型。此时,再次运行命令:

```
$ rostopic info /camera/rgb/image_raw
```

会发现该话题(Topic)已被订阅。

(5)同理,可以查询摄像头的深度信息 depth 图像,输入命令:

```
$ rosrun image_view image_view image:=/camera/depth/image_raw
```

(6)运行命令:

```
$ rosrun robot_sim_demo robot_keyboard_teleoppy.py
```

可以用键盘控制仿真机器人运动。与此同时,可查看话题(Topic)的内容,输入命令:

```
$ rostopic echo /md vel
```

可以看到窗口显示的各种坐标参数在不断变化。

2.3.4 服务(Service)

上一小节介绍了 ROS 通信方式中的话题(Topic)通信,它是 ROS 中比较常见的单向、异步的通信方式。然而,当一些节点只是临时而非周期性地需要某些数据时,如果用 Topic 通信方式就会消耗大量的系统资源,造成系统的效率低、功耗高。这种情况下,就需要一种请求 - 应答式的通信模型。本小节将介绍 ROS 通信中的另一种通信方式——服务(Service)。

1. 客户端/服务器的通信原理

为了解决上述问题,服务通信方式(Service)在通信模型上与主题通信方式(Topic)做了区分。Service 通信是双向的,不仅可以发送消息,同时还需要有反馈消息。所以 Service 包括两部分,一部分是请求方(Client),另一部分是服务提供方(Server,又称应答方)。请求方(Client)会发送一个请求(Request),等待 Server 处理后,会反馈回一个响应(Reply),这样通过类似请求 - 应答机制完成了整个服务通信。客户端/服务器的通信流程示意图,如图 2.14 所示。

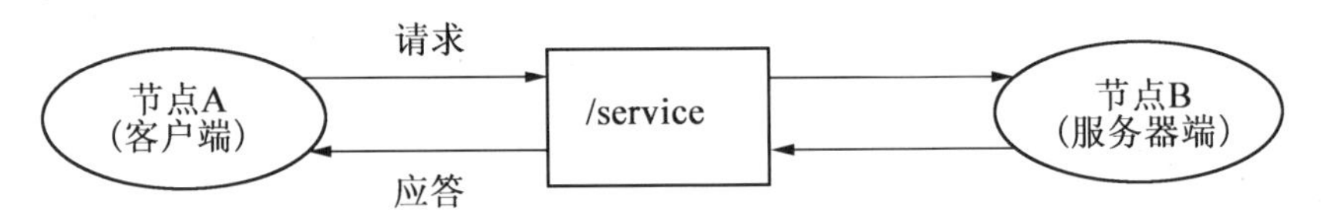

图 2.14　Service 通信的流程示意图

节点 A 是客户端(Client,请求方);节点 B 是服务器端(Server,应答方),且提供了一个服务的接口,叫作/service,一般用 string 类型来指定 Service 的名称。

Service 是同步的通信方式,就是说节点 A 发布请求后会在原地等待响应,直到节点 B 处理完请求并且反馈一个 Reply 给节点 A,节点 A 才会继续执行。节点 A 在等待过程中是处于阻塞状态的。这样的通信模型没有频繁的消息传递,没有太多地占用系统资源,当接收请求后才执行服务,简单而且高效。

为了加深读者对 Topic 和 Service 两种通信方式的理解和认识,下面给出两者的对比,见表 2.4。

表 2.4　Topic 与 Service 的比较

名称	Topic 主题	Service 服务
通信方式	异步通信	同步通信
实现原理	TCP/IP	TCP/IP
通信模型	Publish – Subscribe	Request – Reply
映射关系	Publisher – Subscriber(多对多)	Client – Server(多对一)
特点	接收者收到数据会回调(Callback)	远程过程调用(RPC)服务器端的服务
应用场景	连续、高频的数据发布	偶尔使用的功能/具体的任务
应用举例	激光雷达、里程计发布数据	开关传感器、拍照、逆解计算

注:远程过程调用(Remote Procedure Call,RPC)可以简单、通俗地理解为在一个进程里调用另一个进程的函数。

2. 服务的相关操作命令

Service 通信方式的常见操作命令及作用见表 2.5。

表 2.5　rosservice 命令及作用

rosservice 命令	作用
rosservice list	显示服务列表
rosservice info	打印服务信息
rosservice type	打印服务类型
rosservice uri	打印服务 ROSRPC URI
rosservice find	按服务类型查找服务
rosservice call	使用所提供的 args 调用服务
rosservice args	打印服务参数

查看系统当前的服务信息,可以使用 rosservice 命令,如图 2.15 和表 2.5 所示。

```
$ rosservice list
```

```
kinetic@kinetic: ~
kinetic@kinetic:~$ rosservice list
/clear
/kill
/reset
/rosout/get_loggers
/rosout/set_logger_level
/spawn
/teleop_turtle/get_loggers
/teleop_turtle/set_logger_level
/turtle1/set_pen
/turtle1/teleport_absolute
/turtle1/teleport_relative
/turtlesim/get_loggers
/turtlesim/set_logger_level
kinetic@kinetic:~$
```

图 2.15　ROS 中当前运行的服务信息

3. 服务的操作实例

(1)首先打开 ros_academy_for_beginners 的模拟场景,输入命令:

```
$ roslaunch robot_sim_demo robot_spawn.launch
```

(2)输入命令:

```
$ rosservice list
```

查看当前运行的服务。

(3)随机选择 /gazebo/delete_light 服务,观察名称,此操作是删除光源。

(4)输入命令:

```
$ rosservice info /gazebo/delete_light
```

查看属性信息,可以看到信息"Node:/gazebo,Type:gazebo_msgs/DeleteLight,Args:Light_name"。这里的类型 type 是 srv,传递参数 Light_name。

(5)输入命令:

```
rosservice call /gazebo/delete_light sun
```

这里的 sun 是参数名,是模拟场景中的唯一光源。操作完成后,可以看到场景中的光线消失了。

(6)可以看到终端的回传信息"success:True"和"sun successfully deleted"。这就是双向通信的信息反馈,通知已经成功完成操作。

2.3.5 动作库(ActionLib)

1. 动作库的通信原理

动作库(ActionLib)是 ROS 中一个很重要的库,用于实现 Action 的通信机制。类似于 Service 的通信机制,Action 也是一种请求 - 响应机制的通信方式,Action 主要弥补了 Service 通信的一个不足,就是当机器人执行一个长时间的任务时,假如利用 Service 通信方式,请求方会很长时间接收不到反馈,致使通信受阻。Action 则带有连续反馈,可以随时查看任务进度,也可以终止请求,这样的特性使得它在一些特别的机制中拥有很高的效率,比较适合实现长时间的通信过程。

Action 的工作原理也采用客户端/服务器(Client - Server)模式,是一个双向的通信模式。通信双方在 ROS 的 Action Protocol 下通过消息进行数据的交流通信。客户端和服务器端为用户提供一个简单的 API 来请求目标(在客户端)或通过函数调用和回调来执行目标(在服务器端),其工作模式的示意图如图 2.16 所示。

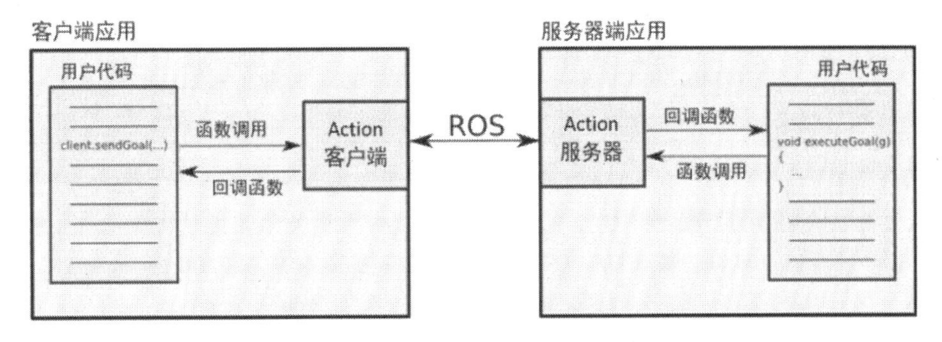

图 2.16　Service 通信的流程示意图

通信双方在 ROS 的 Action Protocol 下进行交流通信是通过接口实现的，如图 2.17 所示。

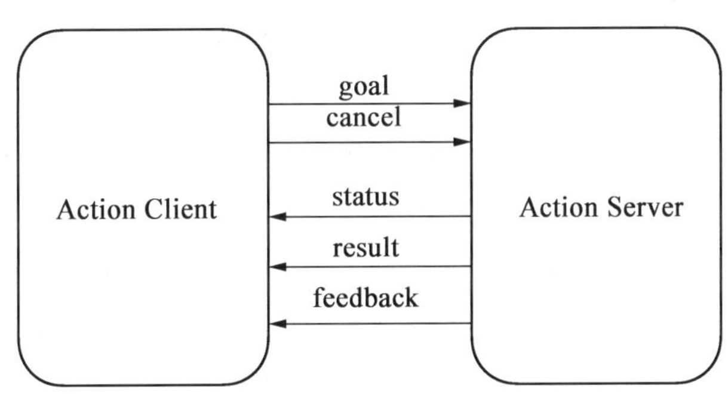

图 2.17　Service 的接口

可以看到，客户端会向服务器发送目标指令和取消动作指令，而服务器端则可以给客户端发送实时的状态信息、结果信息、反馈信息等，从而完成了 Service 通信方式无法完成的部分。

2. 动作库的规范

利用动作库进行请求响应，动作的内容格式应包含三个部分：目标、反馈、结果。

目标：机器人执行一个动作，应该有明确的移动目标信息，包括一些参数的设定，如方向、角度、速度等，从而使机器人完成动作任务。

反馈：在动作进行的过程中，应该有实时的状态信息反馈给服务器的客户端，告诉客户端动作完成的状态，可以使客户端做出准确的判断，从而及时地去修正命令。

结果：当动作完成时，动作服务器把本次动作的结果信息发送给客户端，使客户端得到本次动作的全部信息，例如可能包含机器人的运动时长、最终姿势等。

Action 规范文件的后缀名是. action，它的内容格式如下：

```
#Define the goal
uint32 dishwasher_id          #确定使用哪一个 dishwasher
```

```
#Define the result
uint32 total_dishes_cleaned
#Define a feedback message
float32 percent_complete
```

3. 动作库的操作实例

ActionLib 是用来实现 Action 的一个功能包集。在实例中设置一个场景,执行一个搬运动作。在搬运过程中,服务器端会不断地发送反馈信息,最终完成整个搬运过程。

首先写 handling. action 文件,类比上面的格式,包括目标、结果、反馈三个部分:

```
uint32 handling_id
- - -
uint32 Handling_completed
- - -
float32 percent_complete
```

然后修改文件夹里 CMakeLists. txt 文件的内容如下。

(1)find_package(catkin REQUIRED genmsg actionlib msgs actionlib)。

(2)add_action_files(DIRECTORY action FILESDoDishes. action)generate_message(DEPENDENCIES actionlib msgs)。

(3)add_action_files(DIRECTORY action FILES Handling. action)。

(4)generate_messages(DEPENDENCIES actionlib_msgs)。

修改 package. xml 文件,添加所需要的依赖如下。

(1) <build_depend>actionlib</build_depend>。

(2) <build_depend>actionlib_msgs</build_depend>。

(3) <run_depend>actionlib</run_depend>。

(4) <run_depend>actionlib_msgs</run_depend>。

最后回到工作空间的根目录 catkin_ws 中进行编译。

4. 常见的动作类型

常见的 Action 类型与 srv、msg 的数据类型类似,只是文件内容分成了三个部分。举例如下:

AddTwolnts. action

```
#文件位置:自定义 Action 文件
#表示将两个整数求和
int64 a
int64 b
- - -
```

```
int64 sum
- - -
```

AutoDocking. action

```
#文件位置:自定义 Action 文件
#goal
#result
string text
#feedback
string state
string text
```

MoveBase. action

```
#文件位置:geometry_msgs/MoveBase.action
geometry_msgs/PoseStamped target_pose
geometry_msgs/PoseStamped base_position
```

2.3.6　参数服务器(Parameter Server)

1. 参数服务器的通信原理

相对于话题/消息、服务和动作库这些点对点(P2P)的通信方式,ROS 的参数服务器更像是一个"共享内存",用于存储配置参数、全局共享参数这些不经常改变的数值。参数服务器使用互联网传输,在节点管理器中运行,实现整个通信过程。ROS 参数服务器为参数值,使用 XMLRPC 数据类型,其中包括:strings、integers、floats、booleans、lists、dictionaries、iso8601 dates 和 base64-encoded data。

参数服务器作为 ROS 中一种特殊的数据传输方式,有别于 Topic 和 Service,它更加静态地维护着一个数据字典,字典里存储着各种参数和配置。字典其实就是一个一个的键值对(Key - Value),每一个 Key 不重复,且每一个 Key 对应着一个 Value。也可以说字典就是一种映射关系,在实际项目应用中,因为字典的这种静态的映射特点,我们往往将一些不常用到的参数和配置放入参数服务器里的字典里,这样对这些数据进行读写都方便、高效。

2. 参数服务器的维护方式

参数服务器的维护方式非常简单、灵活,总的来说有三种方式:命令行维护、launch 文件的读写和节点源码。

(1)命令行维护:使用命令行来维护参数服务器,即使用 rosparam 命令进行各种操作,见表2.6。

表 2.6　rosparam 命令及作用

rosparam 命令	作用
rosparam set param_key param_value	设置参数
rosparam get param_key	显示参数
rosparam load file_name	从文件加载参数
rosparam dump file_name	保存参数到文件
rosparam delete	删除参数
rosparam list	列出参数名称

查看系统当前的参数信息,可以使用 rosparam 命令,如图 2.18 和表 2.6 所示。

```
$ rosparam list
```

```
kinetic@kinetic: ~
kinetic@kinetic:~$ rosparam list
/background_b
/background_g
/background_r
/rosdistro
/roslaunch/uris/host_kinetic__40011
/rosversion
/run_id
kinetic@kinetic:~$
```

图 2.18　ROS 中当前运行的参数信息

注意:加载和保存文件时,需要遵守 YAML 格式。YAML 格式具体示例如下。

```
name: 'Zhangsan'
age:20 gender : 'M'
score{Chinese: 80,Math: 90 }
score_history: [85,82,88,90]
```

简单来说,就是遵循"key:value"的格式定义参数。其实可以把 yaml 文件的内容理解为字典,因为它也是键值对的形式。

(2)launch 文件的读写:launch 文件中有很多标签,而与参数服务器相关的标签只有两个,一个是 < param >,另一个是 < rosparam >。这两个标签功能比较相近,但是 <param>一般只设置一个参数。

(3)节点源码:用户可以编写程序,在节点中对参数服务器进行维护,也就是利用 API 来对参数服务器进行操作。roscpp 提供了两种方法:ros::param namespace 和 ros::NodeHandle。rospy 也提供了维护参数服务器的多个 API 函数。

3. 参数服务器的操作实例

(1)首先打开 ros_academy_for_beginners 的模拟场景,输入命令:

```
$ roslaunch robot_sim_demo robot_spawn.launch
```

(2)输入命令:

```
$ rosparam list
```

查看参数服务器上的 param。

(3)查询参数信息,例如查询竖直方向的重力参数。输入命令:

```
$ rosparam get /gazebo /gravity_z
```

得到参数值 value = -9.8。

(4)尝试保存一个参数到文件中,输入命令:

```
$ rosparam dump param.yaml
```

可以在当前路径看到该文件,也就能查看到相关的参数信息。

至此,ROS 通信架构的四种通信方式就全部介绍完了,可以对比学习这四种通信方式,思考每一种通信方式的优缺点和适用场景,在正确的场景使用正确的通信方式,这样整个 ROS 的通信会更加高效,机器人也将更加灵活和智能。

2.4　本章小结

本章介绍了机器人操作系统(ROS)的系统架构,包括软件系统架构、文件系统架构和通信系统架构。通过本章的学习,可以了解 ROS 系统与 Ubuntu 操作系统及计算机硬件系统的关系,掌握 ROS 系统的工作空间、编译系统,以及功能包的创建方法,了解 ROS 系统的话题通信、服务通信、动作库通信和参数服务区通信的基本原理,并通过相应的操作实例掌握 ROS 通信功能的实现方法。

第3章　ROS的集成开发环境与常用工具

本书推荐使用ROS的集成开发环境(IDE)——RoboWare Studio和代码管理工具Git。RoboWare Studio是专为ROS开发而设计的集成开发环境,它使开发变得直观、简单且易于管理;Git是一款免费开源的分布式版本控制系统,旨在快速、高效地管理从小到大的所有项目,且易于学习,占用空间小。

ROS常用工具包括Gazebo、Rviz、rqt、rosbag。Gazebo是一种最常用的ROS仿真工具,也是目前ROS仿真效果最好的工具;Rviz是可视化工具,可以将接收到的信息呈现出来;rqt是非常好用的数据流可视化工具,通过rqt可以直观地看到消息的通信架构和流通路径;rosbag则是为ROS提供数据记录与回放的功能包。熟练使用这几款开发工具对于ROS学习和开发都有极大的帮助。

3.1　RoboWare Studio集成开发环境

RoboWare Studio是一款专为ROS开发而设计的集成开发环境(IDE),环境支持ROS Kinetic版本,它使ROS开发变得直观、简单且易于管理。

RoboWare Studio不仅提供了用于编程的工具,还提供了很多用于管理ROS的工作区,ROS节点的创建、处理和编译,以及支持运行ROS的工具。

3.1.1　安装RoboWare Studio

RoboWare Studio的安装非常简单,不需要额外的配置即可自动检测并加载ROS环境。它有许多无须配置即可使用的功能,可帮助ROS开发人员创建应用程序,如创建ROS功能包的图形界面、源文件(包含服务和消息文件),以及列出节点和功能包。

为了安装RoboWare Studio,需要下载安装文件,可以从https://github.com/ME-Msc/下载RoboWare Studio 1.2.0,然后双击下载完成的deb文件,用功能包管理器GUI打开并安装,或者在终端使用下面的命令来安装:

```
$ cd /path/to/deb/file
$ sudo dpkg -I roboware-studio <version> <architecture>.deb
```

若想卸载该软件,可使用以下命令:

```
$ sudo apt-get remove roboware-studio
```

3.1.2　操作演示

1. RoboWare Studio 入门

安装好 RoboWare Studio 软件后,可使用下面的命令启动 RoboWare Studio:

```
$ roboware - studio
```

打开 RoboWare Studio 的主窗口,如图 3.1 所示。

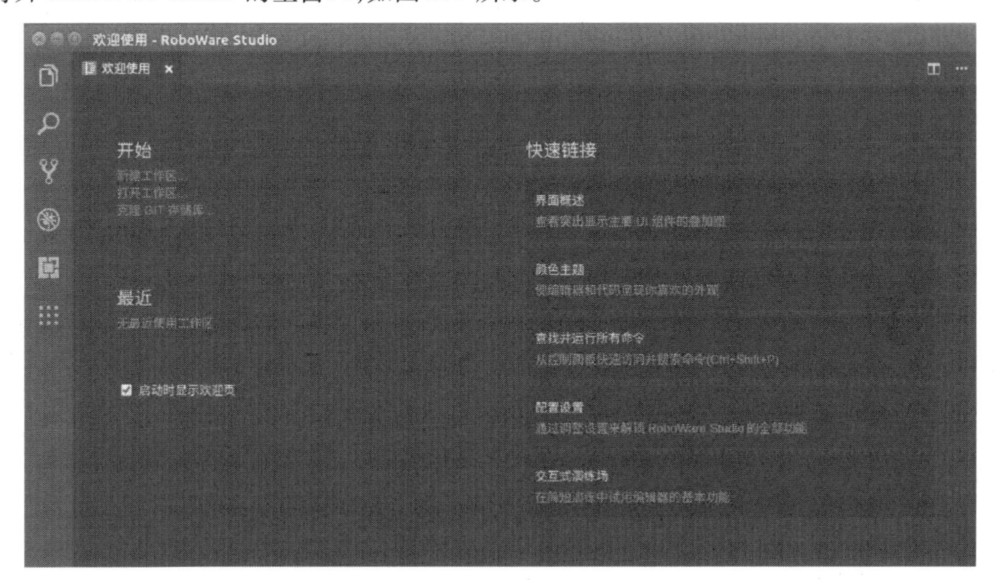

图 3.1　RoboWare Studio 的主界面

在 RoboWare Studio 的用户界面中有以下主要组件。

(1)资源管理器:该面板显示 ROS 工作区文件中的内容,在该面板中,可以查看所有的 ROS 功能包。

(2)节点:在该面板中,可以访问工作区内所有编译好的节点。节点都被包含在功能包下,可以用该面板直接运行节点。

(3)编辑器:在该面板中,可以编辑功能包的源码。

(4)终端和输出:该面板允许开发者使用集成在 IDE 中的 Linux 终端,并在编译过程中检查可能出现的错误。

在开始编译源码之前,应该在 RoboWare Studio 中导入 ROS 工作区。在主工具栏中,选择“文件”→“打开工作区”,然后选择 ROS 工作区的文件夹。这样,位于 src 文件夹中的所有功能包都将显示在资源管理器中。

2. 在 RoboWare Studio 中创建 ROS 功能包

RoboWare Studio 允许用户直接从用户界面管理 ROS 项目,而无须使用 Linux 终端或者编辑 CMakeLists. txt 文件。创建基于 C++ 可执行程序的 ROS 功能包,需要如下步骤。

(1)创建功能包:在资源管理器窗口的 ROS 工作区中的 src 文件夹上右击,然后选择“新建 ROS 包”,并输入功能包的名称,这样就能创建一个新的 ROS 功能包了。

(2)创建源代码文件夹:在资源管理器窗口中右击功能包的名称,然后选择“新建 src 文件夹”。

(3)创建源码文件:在创建的 src 文件夹上右击,然后选择“新建 C++ ROS 节点”。输入源码文件名称后,RoboWare Studio 将询问该文件是一个系统库文件还是一个可执行文件,在这里选择可执行文件。

(4)添加功能包的依赖项:在资源管理器窗口右击功能包的名字,然后选择“编辑依赖的 ROS 包列表”,在该输入栏输入需要的依赖项列表。

在这四步操作的过程中,RoboWare Sudio 将修改 CMakeLists. txt 文件,这样就能编译所需的可执行文件了。roboware_package 更新后的 CMakeLists. txt 文件如下:

```
cmake_minimum_required(VERSION2.8.3)
project(roboware_package)
find_package(catkin REQUIRED COMPONENTS roscpp std_msgs)
find_package(catkin REQUIRED COMPONENTS roscpp)
catkin_package( )
include directoried( include ${catkin INCLUDE DIRS})
add_executable(roboware
src/roboware.cpp)


add_dependencies (roboware ${${PROJECT_NAME} _EXPORTED TARGETS
 ${catkin EXPORTED TARGETS}})
Target link libraries(roboware
 ${catkin_LIBRARIES}
)
```

从生成的 CMakeLists. txt 文件中可以看到已成功添加可执行文件和附加的库。同样,RoboWare Sudio 还可以添加 ROS 消息、服务、动作等。

3. 在 RoboWare Studio 中编译 ROS 工作区

针对本地与远程编译和部署的 ROS 功能包,RoboWare Studio 同时支持发行版本和调试版本。本书中,将配置 RoboWare Studio,从而可以编译本地开发模式的发行版本。要选择编译模式,可以直接利用资源管理器面板的下拉菜单。

要编译工作区,可以在主工具栏的 ROS 下点击“构建”进行编译,或者使用快捷键“Ctrl + Shift + B”。编译过程的输出将显示在 Output 面板中。默认情况下,RoboWare Studio 会编译工作区中的所有功能包(使用 catkin_make 命令)。为了手动指定一个或多个

功能包来编译,可以在指定的功能包上右击,然后选定“设置为活动状态”来激活它。

这样,点击“构建”按钮时,只会编译已被激活的功能包,而那些未被激活的功能包会用删除线标记出来。

可以通过在资源管理器窗口选择“激活所有 ROS 包”来激活所有的功能包配置。

4. 在 RoboWare Studio 中运行 ROS 节点

可以通过使用 roslaunch 和 rosrun 命令来运行 ROS 节点。

首先,应该为功能包创建一个启动文件。在功能包上右击,选择“新建 launch 文件夹”来创建一个名为 launch 的文件夹。然后,在启动文件夹上右击,并选择“新建 launch 文件”来添加新文件。当编辑好启动文件后,只需要在启动文件上右击,然后选择“运行 launch 文件”即可。

要使用 rosrun 命令来执行 ROS 节点,必须从节点列表中选择要运行的可执行文件。这样打开节点窗口,进而允许在该节点上执行不同的操作。用户可以在调试控制台查看节点的输出信息。

5. 在 RoboWare Studio 中启动 ROS 工具

RoboWare Studio 允许用户运行一些本章提到的 ROS 常用组件。要使用这些工具,可以在 RoboWare Studio 的顶部工具栏中点击 ROS 菜单展开下拉菜单。

可以在该菜单上直接运行 roscore 或者访问这些常用的工具。除此之外,可以直接在文件编辑器中打开. bashrc 文件并手动修改系统配置。

另外,也可以通过选择“运行远程端 roscore”选项来运行远程端 roscore。

6. 处理活动的 ROS 话题、节点和服务

要在特定的时间查看系统中活动的 ROS 话题、节点和服务,可以点击左侧栏的 ROS 图标。随着 roscore 形成的信息遍历列表显示在每个框中,可以通过点击话题名称而显示每条 ROS 消息的内容。

还可以在 RoboWare Studio 中录制和回放 ROS 日志文件,点击“活动话题”旁边的图标,此时系统中所有活动的话题都将被记录下来。生成的日志文件将保存在工作区的根文件夹下。

要停止录制,必须在终端窗口使用 <Ctrl + C>。如果想要记录多个话题,按 <Ctrl> 键然后逐一选择它们,最后点击 rosbag 记录按钮。

要回放日志文件,可以在资源管理器窗口右击日志文件名称,然后点击“播放 BAG 文件”。

7. 使用 RoboWare Studio 工具创建 ROS 节点和类

RoboWare Studio 提供了一个向导来创建 C++ 、Python 类以及 ROS 节点。要创建 ROS 节点,可按照下面的操作来进行。

(1)在功能包上右击,然后选择"新建 C++ ROS 节点"或"新建 Python ROS 节点"。

(2)输入功能包的名称。

(3)默认情况下,将创建两个源文件:一个发布节点和一个订阅节点。

(4)编译功能包。CMakeLists. txt 文件已根据新创建的节点进行了更新,可以根据需要删除发布节点或者订阅节点,这时,CMakeLists. txt 文件也会自动更新。

除了 ROS 节点,还可以用以下方式来创建 C++ 类。

(1)在功能包名称上右击,选择"新建 C++ 类"。

(2)输入类的名称,例如:roboware_class。

(3)在 include 文件夹下创建 roboware_class. h 的头文件,同时,在 src 文件夹下创建 roboware_class. cpp 的源码文件。

(4)选择一个可执行文件来链接刚刚创建的类,以便将类导入功能包的另一个 ROS 节点中。

(5)CMakeLists. txt 文件将自动更新。

8. RoboWare Studio 中的 ROS 功能包管理工具

在 RoboWare Studio 界面中,可以通过 ROS 功能包管理器面板安装或浏览可用的 ROS 功能包。要访问此面板,可点击左侧栏的 ROS Package Manager 图标。RoboWare Studio 将自动检测正在使用的 ROS 版本以及安装在 ROS 功能包路径中的功能包列表。

在此面板中,可以浏览 ROS 仓库中的可用功能包,并且可以在功能包和功能包集之间选择。还可以点击功能包名直接查看它的 WIKI 界面,而且还可以很方便地安装或卸载选定的功能包。

3.2 Git 代码管理工具

3.2.1 认识 Git

1. 简介

Git 是一个免费开源的分布式版本控制系统,旨在快速、高效地管理所有项目。由于 Git 是为在 Linux 内核上工作而构建的,这意味着它从一开始就必须有效地处理大型存储库;而且,由于是用 C 语言编写的,减少了与高级语言相关的运行开销。因此,速度和性能就是 Git 的主要设计目标。

此外,与常用的版本控制工具 CVS、Subversion 等不同,它采用了分布式版本库的方式,不需要服务器端软件支持,使得源代码的发布和交流极其方便。大家所熟知的

GitHub 是一个面向开源项目代码管理的平台,实际上,因为它只支持 Git 作为唯一的版本库格式进行托管,故名为 GitHub。由此可见 Git 的强大优势。

2. 相关指令

常见的 Git 指令及作用见表 3.1。

表 3.1　常见的 Git 指令及作用

指令	作用
git init [repo]	初始化指定 Git 仓库,生成一个. git 目录
git fetch	从远程获取最新版本到本地,不会自动合并
git pull	将远程存储库中的更改合并到当前分支中
git push	将本地分支的更新推送到远程主机
git clone [repo] [directory]	从现有 Git 仓库中复制项目到指定的目录
git add [file] [cache]	将文件添加到缓存中
git status	查看项目的当前状态
git diff	查看执行 git status 的结果的详细信息
git commit	将缓存区的内容添加到仓库中
git reset HEAD [file] [cache]	取消已缓存的内容,待修改提交缓存区后执行
git rm [-f] [file]	从 Git 中移除某个文件(-f 为强制删除)
git mv	移动或重命名一个文件、目录、符号链接
git branch [-a]	查看当前工作目录的分支(-a 为远程)
git branch -d	删除分支
git branch -b	切换分支
git merge	合并分支

3.2.2　操作演示

使用 ROS 系统时需要用到许多数据包,有些时候会出现需要使用的 ROS 数据包并没有 Debian 的情况,这时就要从数据源安装该数据包。接下来将介绍如何使用 Git 码资源和上传本地代码资源到 GitHub 仓库。

1. 安装 Git 和绑定 SSH

安装 Git 的命令如下:

```
$ sudo apt -get install git
```

配置本机 Git 的两个重要信息:user. name 和 user. email,终端输入如下命令即可设置:

```
$ git config --global user.name "Your Name"
$ git config --global user.email "email@example.com"
```

通过命令 git config --list 查看是否设置成功。

查看 home 目录下是否有.ssh 目录,一般情况是没有的,需要手动生成这个目录,在终端输入:

```
$ ssh-keygen -t rsa -C youremail@example.com
```

进入 home 目录下的.ssh 目录会看到两个文件 id_rsa 和 id_rsa.pub,id_rsa 是私钥,id_rsa.pub 是公钥。将 id_rsa.pub 文件中的内容复制一下。创建并登录自己的 GitHub 账号,进入 Settings→SSH and GPG keys→New SSH key。在"Key"那一栏下面将复制的内容粘贴进去就可以了,最后点击"Add SSH key"按钮添加。

2. 从 GitHub 下载源码包

首先,需要在 GitHub 的搜索框中通过关键字搜索到需要的项目;然后,点击地址栏对地址进行复制,例如 https://github.com/ros-simulation/gazebo_ros_pkgs;最后,在终端中创建一个自己的工作空间,并在终端中复制该项目。输入命令如下:

```
$ cd ~/catkin_ws/src
$ git clone https://github.com/ros-simulation/gazebo_ros_pkgs.git
```

需要说明的是,在 GitHub 上只能复制一个完整的项目,为了保证一个项目的完整性,GitHub 不允许仅复制单个文件或文件夹。

3. 上传源码包到 GitHub 仓库

首先进入要上传源码包的文件夹,右击"在终端中打开"。

(1)在终端中输入 git init,初始化本地仓库(文件夹)。

(2)然后输入 gitadd.,添加本地仓库的所有文件夹。

(3)输入 git commit -m"first commit",参数 -m 可以说明本次提交的描述信息。

(4)输入 git remote rm origin,清空当前远程 origin。

(5)输入 git remote add origin https://github.com/你的账号名/你新建的仓库名.git。

(6)输入 git push -u origin master,将本地的 master 分支推送到 origin 主机的 master 分支,-u 选项会将 origin 指定为默认主机。

3.3 Gazebo 仿真工具

ROS 中的工具可以帮助用户完成一系列的操作,使工作更加轻松、高效。ROS 工具的功能大概有以下几个方向:仿真、调试、可视化。本节将要学习的 Gazebo 实现了仿真的

功能,而调试与可视化由 Rviz、rqt 来实现,将在后面依次介绍。

3.3.1　认识 Gazebo

仿真/模拟(Simulation)泛指基于原本的系统、事务或流程,建立一个模型以表征其关键特性或者行为/功能,予以系统化与公式化,以便对关键特性进行模拟。在 ROS 中,仿真的意义不仅仅是做出一个很酷的 3D 场景,更重要的是给机器人一个逼近现实的虚拟物理环境,比如光照条件、物理距离等。设定好具体的参数,让机器人完成人为设定的目标任务;或是一些有危险因素的测试,就可以让机器人在仿真的环境中去完成。例如无人车在环境复杂的场景就可以在仿真的环境下测试各种情况下无人车的反应与效果,如车辆的性能、驾驶的策略、车流和人流的行为模式等;又或者各种不可控因素,如雨雪天气、突发事故、车辆故障等,可以在仿真的环境下收集结果参数、指标信息等。

Gazebo 是一个机器的仿真工具,即模拟器。目前,市面上也有一些其他的机器人模拟器,例如 Vrep、Webots,而 Gazebo 是对 ROS 兼容性最好的开源工具。Gazebo 和 ROS 都由 OSRF(Open Source Robotics Foundation)来维护,所以它对 ROS 的兼容性比较好。此外,它还具备强大的物理引擎、高质量的图形渲染、方便的编程接口与图形接口。通常一些不依赖于具体硬件的算法和场景都可以在 Gazebo 上进行,例如:图像识别、传感器数据融合处理、路径规划、SLAM 等任务,完全可以在 Gazebo 上仿真实现,大大减轻了对硬件的依赖。

3.3.2　操作演示

1. 安装并运行 Gazebo

如果已经安装了桌面完整版的 ROS 系统,可以直接跳过这一步,否则请使用以下命令安装 Gazebo:

```
$ sudo apt -get install ros -kinetic -gazebo -ros -pkgs ros -kinetic -gazebo
```

安装完成后,在终端中输入如下命令启动 ROS 和 Gazebo,如图 3.2 所示,同时打开 Gazebo 的主界面,如图 3.3 所示。

```
$ roscore
$ rosrun gazebo_ros gazebo
```

```
kinetic@kinetic: ~
kinetic@kinetic:~$ rosrun gazebo_ros gazebo
[ INFO] [1654054488.592739756]: Finished loading Gazebo ROS API Plugin.
[ INFO] [1654054488.593440870]: waitForService: Service [/gazebo/set_physics_properties
] has not been advertised, waiting...
[ INFO] [1654054490.713879939]: waitForService: Service [/gazebo/set_physics_properties
] is now available.
[ INFO] [1654054490.823807127]: Physics dynamic reconfigure ready.
```

图 3.2　启动 Gazebo

Gazebo 的主界面主要包含以下几个部分。

(1)3D 视图区:通过鼠标键进行平移操作,通过鼠标滚轮中键进行旋转操作,通过鼠标滚轮中键进行缩放操作等。

(2)工具栏。

(3)模型列表。

(4)模型属性项。

(5)时间显示区。

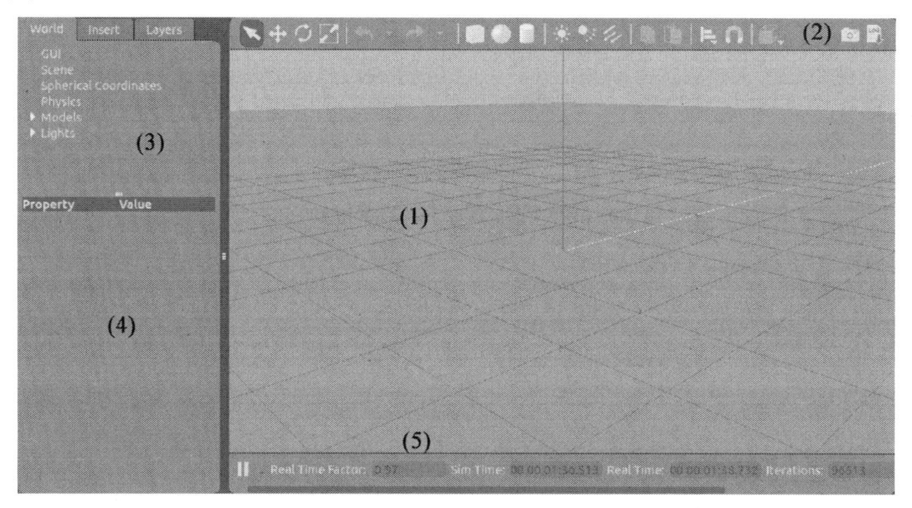

图 3.3　Gazebo 的主界面

打开一个新的终端窗口,输入如下命令,显示 ROS 中当前运行的节点列表:

```
$ rosnode list
```

如图 3.4 所示,如果节点列表中包含 Gazebo 节点,说明 Gazebo 已经与 ROS 系统连接成功,可以进行下一步工作。

```
kinetic@kinetic: ~
kinetic@kinetic:~$ rosnode list
/gazebo
/rosout
/teleop_turtle
/turtlesim
```

图 3.4　测试 Gazebo 节点是否成功运行

2. 构建仿真环境

Gazebo 提供两种构建仿真环境的方法。

(1)直接插入模型。在 Gazebo 左侧的模型列表中,有一个“Insert”选项列出了所有可使用的模型。选择需要使用的模型放置在主显示区中,就可以在仿真环境中导入机器人和外部物体等仿真实例,如图 3.5 所示。

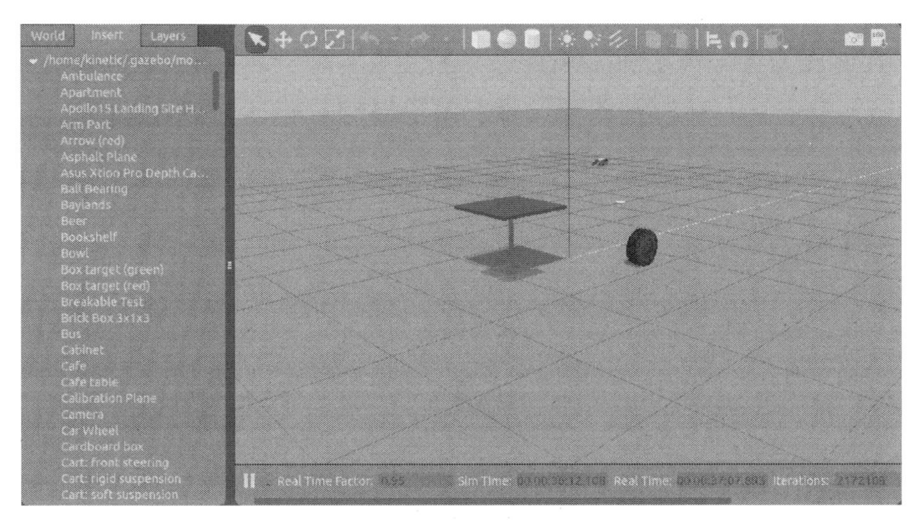

图 3.5　在 Gazebo 中直接从插入仿真模型

需要说明的是,模型的加载可能需要连接国外网站,为了保证模型顺利加载,可以提前将模型文件下载并放置到本地路径 ~/gazebo/models 下,模型文件的下载地址为 https:// bitbucket. org/osrf/gazebo_models/downloads/或 https://github. com/osrf/gazebo_models。

(2)按需自制模型。用户可以按需自制模型并将其拖入到仿真环境中。

使用 Gazebo 提供的 Building Editor 工具手动绘制地图。在 Gazebo 菜单栏中选择"Edit"→"Building Editor",打开仿真环境的界面。选择左侧的绘制选项,可以在上侧窗口中使用鼠标绘制地图,下侧窗口中则会实时显示出绘制的仿真环境。

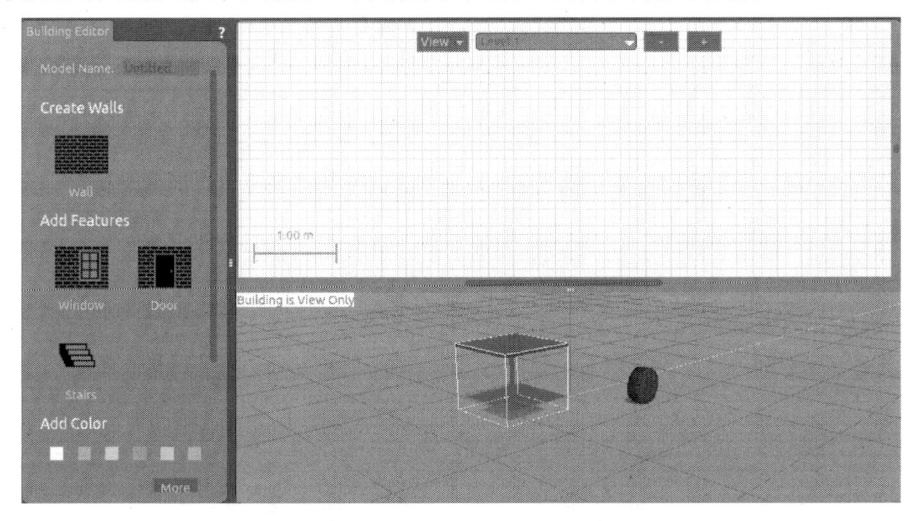

图 3.6　使用 Building Editor 工具构建仿真环境

3.4 Rviz 可视化平台

3.4.1 认识 Rviz

ROS 中存在大量不同形态的数据,某些类型的数据(如图像数据)往往不利于用户感受数据所描述的内容,所以需要将数据可视化显示。Rviz 是 ROS 针对机器人系统的可视化需求所提供的一款可以显示多种数据的三维可视化工具,一方面能够实现对外部信息的图形化显示,另一方面还可以通过 Rviz 给对象发布控制信息,从而实现对机器人的监测与控制。

在 Rviz 中,用户可以通过 XML 文件对机器人以及周围物体的属性进行描述和修改,例如物体的尺寸、质量、位置、关节等属性,并且可以在界面中将这些属性以图形化的形式呈现出来。同时,Rviz 还可以实时显示机器人传感器的信息、运动状态、周围环境的变化等。Rviz 可以帮助用户实现所有可检测信息的图形化显示,也可以在 Rviz 的控制界面下,通过按钮、滑动条、数值等方式控制机器人的行为。因此,Rviz 强大的可视化功能为用户提供了极大的便利。

3.4.2 操作演示

1. 安装并运行 Rviz

如果已经安装了桌面完整版的 ROS 系统,可以直接跳过这一步,否则请使用以下命令安装 Rviz:

```
$ sudo apt - get install ros - kinetic - rviz
```

安装完成后,在终端输入如下命令启动 ROS 和 Rviz,如图 3.7 所示,同时打开 Rviz 的主界面,如图 3.8 所示。

```
$ roscore
$ rosrun rviz rviz
```

```
kinetic@kinetic: ~
kinetic@kinetic:~$ rosrun rviz rviz
[ INFO] [1654057711.292979421]: rviz version 1.12.17
[ INFO] [1654057711.293026388]: compiled against Qt version 5.5.1
[ INFO] [1654057711.293033456]: compiled against OGRE version 1.9.0 (Ghadamon)
[ INFO] [1654057711.405989414]: Stereo is NOT SUPPORTED
[ INFO] [1654057711.406150831]: OpenGl version: 3 (GLSL 1.3).
```

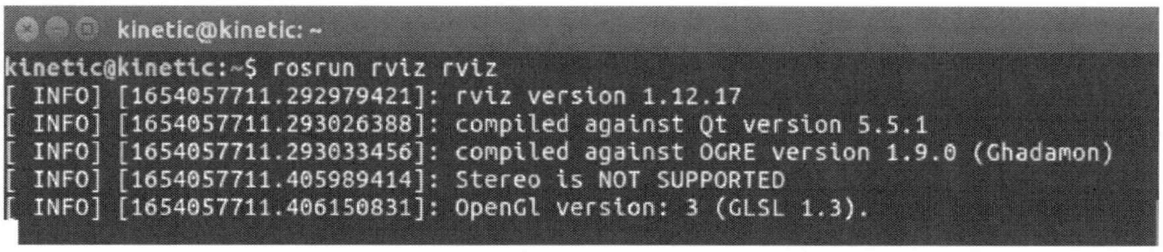

图 3.7 启动 Rviz

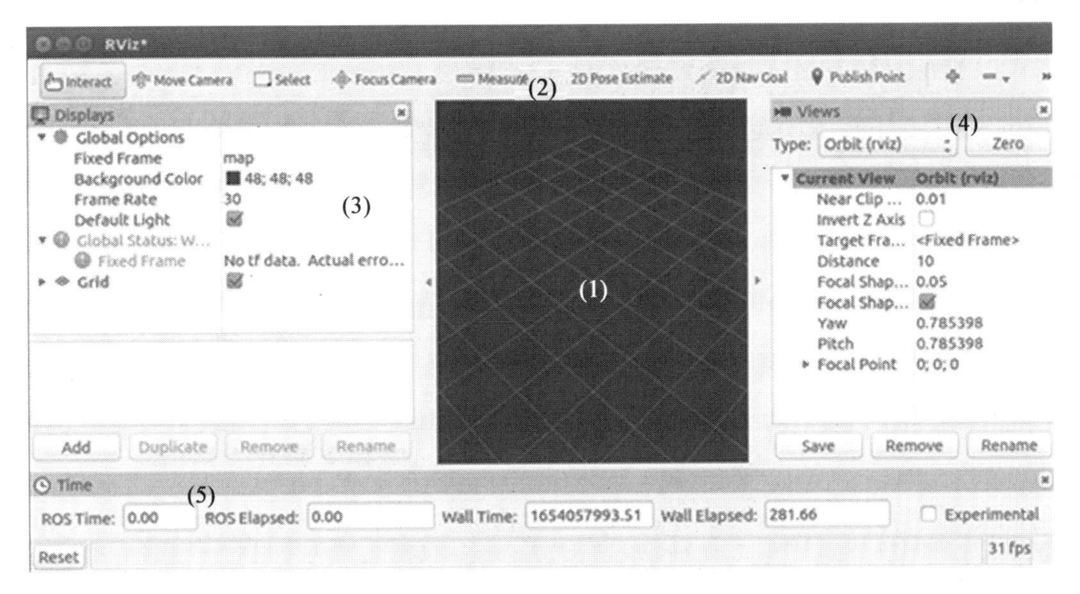

图 3.8　Rviz 的主界面

Rviz 主界面主要包括以下几个部分。

(1)3D 视图区:用于可视化显示数据。

(2)工具栏:用于提供视角控制、目标设置、发布地点等工具。

(3)显示列表区(Displays):用于显示当前加载的显示插件,可以配置每个插件的属性。

(4)视角设置区(Views):用于选择多种观测视角。

(5)时间显示区(Time):用于显示当前的系统时间和 ROS 时间。

2. 数据可视化

点击 Rviz 界面左侧下方的“Add”按钮,弹出窗口并将默认支持的所有数据类型的显示插件列出来。点击后会出现新的显示对话框,包含显示插件的数据类型以及所选择的显示插件的描述。

在如图 3.9 所示的“Create visualization”列表中选择需要的数据类型插件,然后在“Display Name”文本框中输入显示插件的名称,用来识别显示的数据。例如:正在使用的机器人上有两个激光扫描仪,则可以创建两个名为“Laser Base”和“Laser Head”的“Laser Scan”显示。

添加完成后,Rviz 左侧的“Displays(显示列表区)”中会列出新加载的显示插件,点击插件列表前的三角符号可以打开一个属性列表,根据需求设置属性。一般情况下,“Topic”属性较为重要,用来声明该显示插件所订阅的数据的来源,如果订阅成功,在中间的显示区应该会出现可视化后的数据。如果显示有问题,请检查属性区域的“Status”状态。Status 有四种状态:OK、Warning、Error 和 Disabled。不同状态会通过不同的背景颜色在显示标题中指示。如果显示的状态是“OK”,说明该显示插件的状态就是正常的,否则需要查看错误的信息并处理该错误。

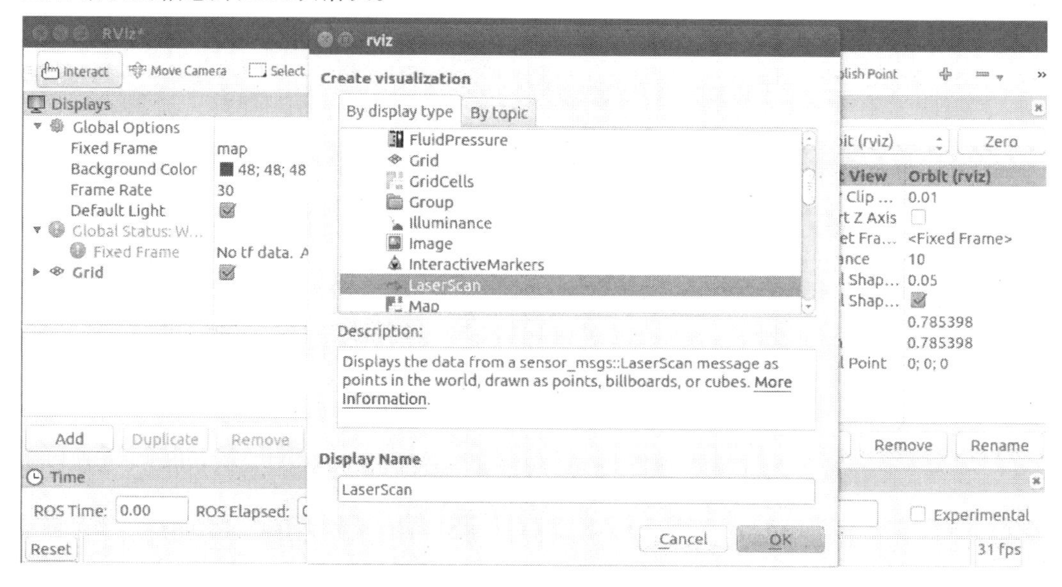

图 3.9　Rviz 支持的显示插件

3.5　rqt 可视化工具

3.5.1　认识 rqt

rqt 是基于 Qt 开发的可视化工具,拥有扩展性好、灵活易用、跨平台等特点。其中,字母 r 代表 ROS,qt 代表它是 Qt 图形界面(GUI)工具包。rqt 主要由三部分组成,除了 rqt 核心模块外,还有 rqt_common_plugins(后端图形工具套件)以及 rqt_robot_plugins(机器人运行时的交互工具)。

3.5.2　操作演示

1. 安装 rqt

如果已经安装了桌面完整版的 ROS 系统,可以直接跳过这一步,否则请使用以下命令安装 rqt:

```
$ sudo apt - get install ros - kinetic - rviz
```

2. 计算图可视化工具(rqt_graph)

rqt_graph 是一个图像化的显示通信架构工具,可以直观地展示当前正在运行的

Node、Topic 和消息的流向。其中，椭圆表示节点 Node，矩形表示 Topic，箭头表示消息的流向。

在终端输入如下命令启动 ROS 和 rqt_graph，如图 3.10 所示，同时打开 rqt_graph 工具界面，如图 3.11 所示。

```
$ roscore
$ rqt_graph
```

```
kinetic@kinetic: ~
kinetic@kinetic:~$ rqt_graph
```

图 3.10　启动 rqt_graph

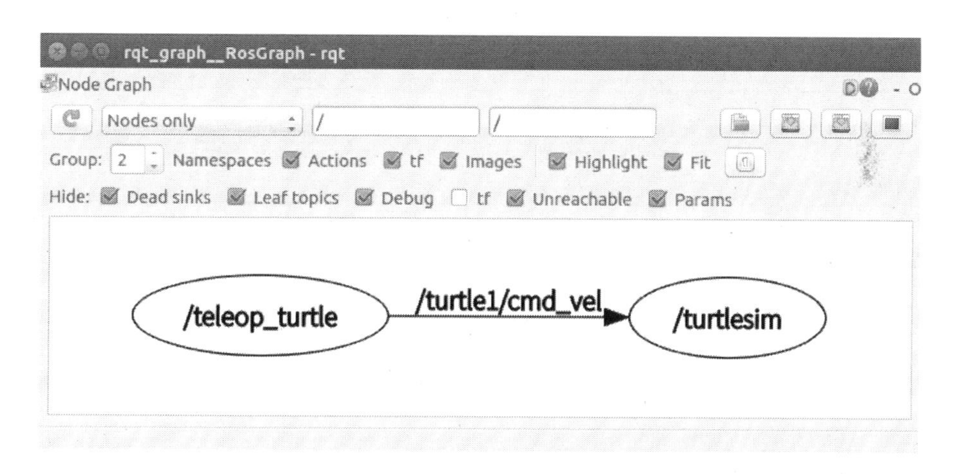

图 3.11　rqt_graph 工具界面

可以看出，当前 ROS 系统中只运行了 turtlesim 节点（"小海龟"程序，订阅节点）和 teleop_turtle 节点（键盘控制程序，发布节点）两个节点，其中 teleop_turtle 发布键盘按下的消息到/turtle1/cmd_vel 主题上，而 turtlesim 订阅该主题以接收消息，输出小海龟的运动轨迹，两个节点之间实现了点对点的通信。当把鼠标放在话题名（本例是/turtle1/cmd_vel）上时，相应的节点和话题就会高亮显示，以方便用户找到对应的节点和话题。

需要说明的是，rqt_graph 不会自动更新信息，需要手动点击刷新按钮进行刷新。由于 rqt_graph 工具能直观地显示系统的全貌，所以非常常用。

3. 数据绘图工具（rqt_plot）

rqt_plot 是一个二维数值曲线绘制工具，主要用于查看参数，将一些参数，尤其是动态参数以曲线图的形式绘制出来。rqt_plot 的 GUI 提供了大量特征功能，包括开始、停止绘图、平移和缩放、导出图像等。

在终端中输入如下命令启动 ROS 和 rqt_plot，如图 3.12 所示，同时打开 rqt_plot 的空白界面,如图 3.13 所示。

```
$ roscore
$ rqt_plot
```

```
kinetic@kinetic: ~
kinetic@kinetic:~$ rqt_plot
/usr/lib/python2.7/dist-packages/matplotlib/font_manager.py:273: UserWarning: Matplotli
b is building the font cache using fc-list. This may take a moment.
  warnings.warn('Matplotlib is building the font cache using fc-list. This may take a m
oment.')
```

图 3.12　启动 rqt_plot

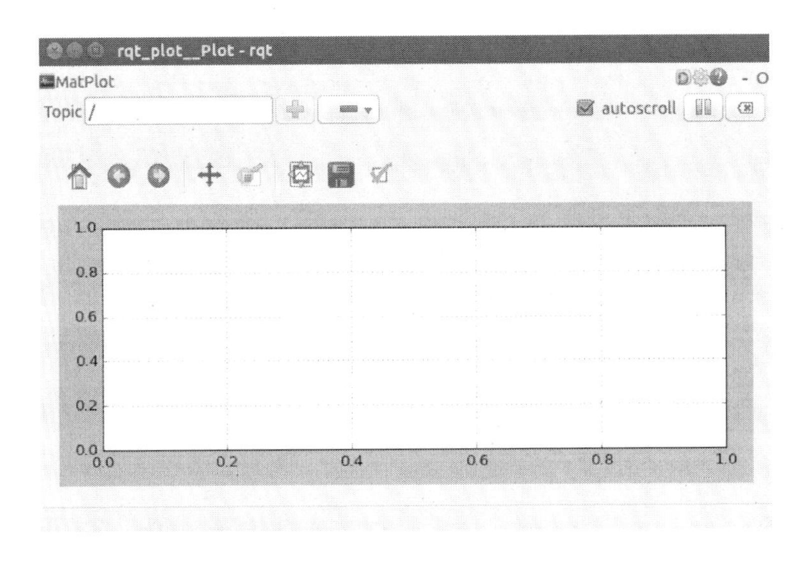

图 3.13　rqt_plot 的空白界面

在 rqt_plot 的空白界面上方的“Topic”文本框中输入需要显示的话题消息。如果不确定当前的系统中有哪些话题,可以在终端中输入 rostopic list 命令查看。例如在 turtlesim(“小海龟”程序)中,当用键盘控制小海龟移动时,通过 rqt_plot 工具可以描绘小海龟的 x、y 坐标变化情况的效果图。

注意:在运行 rqt_plot 命令时,由于 Kinetic 默认安装的 Python 2.7 与 Matplotlib 不兼容,且不再支持 Python 2,可能会出现报错。因此,可以安装 Python 3.6 并将其设置为默认 Python 版本(具体安装步骤请读者自行查阅),或者通过命令 pip install pyqtgraph 安装另一个可视化工具 PyQtGraph,安装完成后再在终端运行 rqt_plot 命令即可。

4. 日志输出工具(rqt_console)

rqt_console 工具用来图像化显示和过滤 ROS 系统运行状态中的所有日志消息。

在终端中输入如下命令启动 ROS 和 rqt_console,如图 3.14 所示,同时打开 rqt_console 的主界面,如图 3.15 所示。

```
$ roscore
$ rqt_console
```

```
kinetic@kinetic: ~
kinetic@kinetic:~$ rqt_console
```

图 3.14 启动 rqt_console

rqt_console__Console - rqt

Console

Displaying 0 messages

Fit Columns

#	Message	Severity	Node	Stamp

Exclude Messages...

...with severities: Debug Info Warn Error Fatal

Highlight Messages...

...containing: Regex

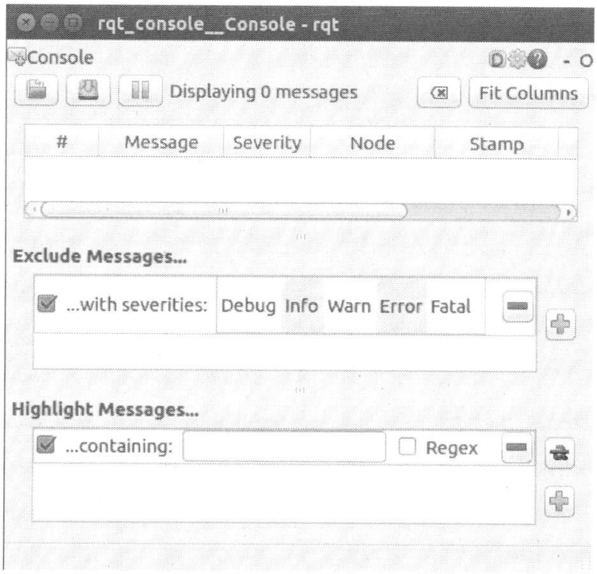

图 3.15 rqt_console 的主界面

在运行包含多个节点的 ROS 系统的时候，最好设置一下 rqt_console，这样能快速查找错误。需要注意的是，rqt_console 只能显示开始运行之后接收到的消息，在出现错误之后再开启 rqt_console 通常不会告诉你引发错误的原因。

5. 参数动态配置工具(rqt_reconfigure)

rqt_reconfigure 工具可以在不重启系统的情况下，动态配置 ROS 系统中的参数，但是该功能使用需要在代码中设置参数的相关属性，从而支持动态配置。与前面介绍的四个工具不同，该工具的启动命令并不是直接输入该工具的名称，请勿混淆。

3.6 本章小结

本章介绍了 ROS 的常用组件和开发工具，通过学习，你应该了解了这些工具的作用与使用方法。例如，Gazebo 是仿真工具，给机器人一个逼近现实的虚拟物理环境；Rviz 是可视化平台,可以将接收到的信息呈现出来;rqt 是数据流可视化工具,可以看到消息的通信架构和流通路径;rosbag 是提供数据记录与回放的功能包;RoboWare Studio 是集成开发环境(IDE);Git 是分布式版本控制系统,可以用来管理项目的代码。

那么,你是否已经掌握了这些工具的用法呢?赶紧动手操作一下吧。

第二部分　基于 ROS 的编程开发

第4章 ROS编程基础

所谓的ROS编程，就是通过使用ROS提供的一些内置函数来编写ROS应用程序，而这个ROS应用程序称为ROS节点。比如我们想要实现一个新的ROS话题，发送一个新的ROS消息或请求一个新的ROS服务，直接调用ROS的API(应用程序接口)就可以实现，而不需要从头开始编写相关的功能函数。

4.1 ROS编程与传统编程的异同点

机器人编程是计算机编程的子集。大多数机器人都有一个“大脑”来帮助机器人做决定，它可以是一个微控制器或PC。机器人编程与传统编程的不同之处在于ROS编程的输入和输出设备是不同的。输入设备可以是机器人传感器、示教箱或触摸屏等，输出设备可以是伺服电机(执行器)、指示灯、扬声器、显示屏等，如图4.1所示。

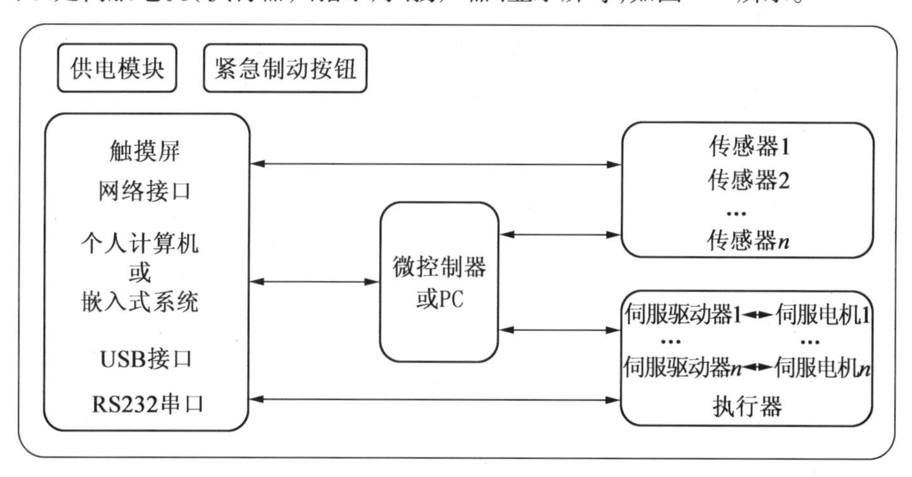

图4.1 通用的机器人系统结构框图

可以使用任何一种编程语言对机器人编程，但是由于良好的开发社区支持、性能和编程效率，因此C++和Python语言得到非常广泛的使用。

下面是机器人编程所需的一些特性。

(1)线程化。机器人通常具有许多个传感器和执行器，因此需要兼容多线程的编程语言来实现在不同的线程中使用不同的传感器和执行器，这就是所谓的多任务。各个线程之间需要相互通信以便交换数据。

(2)面向对象编程。面向对象的编程语言可以使程序更加模块化,代码可以很容易地被重用。与非面向对象编程语言相比,代码维护也更容易。这些特性有助于为机器人开发更好的软件。

(3)底层设备控制。高层编程语言也可以访问底层设备,如GPIO(通用输入/输出)引脚、串口、并口、USB、SPI和I2C。C/C++和Python这样的编程语言都可以使用底层设备。这就是为什么这些语言在像RaspberryPi(树莓派)和Arduino这样的嵌入式计算机中更受青睐。

(4)编程实现的简便性。机器人算法编程实现的简易性是编程语言选择的重要因素,Python是快速编程以实现机器人算法的一个很好的选择。

(5)进程间通信。机器人通常具有许多个传感器和执行器,为了实现它们之间的相互通信,可以使用多线程架构模型(如ROS),或者为每个任务编写一个独立的程序。例如,一个程序可以从摄像机中获取图像并检测人脸,另一个程序将数据发送到嵌入式板中,这两个程序可以相互通信以交换数据。这种方法实际上是创建了多个程序,而不是一个多线程系统。多线程系统比并行运行多个程序要复杂得多。Socket编程就是进程间通信的一个例子。

(6)性能。机器人通常会使用一些需要高带宽的传感器,如深度相机和激光扫描仪,数据处理需要消耗大量的计算资源。优秀的编程语言通常支持资源的动态、按需分配,从而可以节约不必要的系统资源开支。C++语言可以很好地实现了这一点。

(7)开源社区支持。要选择一种用于机器人编程的语言,首先应确保有足够的开源社区支持,包括论坛和博客。

(8)第三方库的可用性。第三方库的使用可以使开发变得更容易。例如,如果想进行图像处理,如果编程语言支持OpenCV库,就可以利用OpenCV库中的资源,很容易地进行图像处理。

(9)机器人软件框架支持。有一些现有的机器人通用软件框架可用来对机器人编程,如ROS。如果编程语言支持ROS,那么就能很容易地编程以实现机器人应用程序。

4.2 话题通信的C++实现

本节将介绍如何使用C++语言编写一个最简单的消息发布节点(Publisher)和一个最简单的主题订阅节点(Subscriber),并订阅该主题来接收消息。

4.2.1 新建功能包

在终端中输入如下命令,新建功能包ch4_Example1,将std_msgs、roscpp和rospy作为

依赖包:

```
$ cd ~/catkin_ws/src
$ catkin_create_pkg ch4_Example1 std_msgs roscpp rospy
```

其中,std_msgs 为 ROS 的标准消息包;roscpp 为 C++ 编程的基础包;rospy 为 Python 编程的基础包。这三个基础包均为 ROS 编程的常用依赖。

4.2.2 消息发布节点的 C++ 实现

在终端中输入如下命令,切换到功能包 ch4_ Example1 的 src 文件夹下,使用 gedit 编辑器创建并打开 Publisher1. cpp 文件,如图 4.2 所示。

```
$ cd ~/catkin_ws/src/ch4_ Example1/src
$ gedit Publisher1.cpp
```

```
kinetic@kinetic: ~/catkin_ws/src/ch4_Example1/src
kinetic@kinetic:~$ rosnode list
/rosout
kinetic@kinetic:~$ cd ~/catkin_ws/src
kinetic@kinetic:~/catkin_ws/src$ catkin_create_pkg ch4_Example1 std_msgs roscpp rospy
WARNING: Package name "ch4_Example1" does not follow the naming conventions. It should
 start with a lower case letter and only contain lower case letters, digits, underscor
es, and dashes.
Created file ch4_Example1/CMakeLists.txt
Created file ch4_Example1/package.xml
Created folder ch4_Example1/include/ch4_Example1
Created folder ch4_Example1/src
Successfully created files in /home/kinetic/catkin_ws/src/ch4_Example1. Please adjust
the values in package.xml.
kinetic@kinetic:~/catkin_ws/src$ cd ~/catkin_ws/src/ch4_Example1/src
kinetic@kinetic:~/catkin_ws/src/ch4_Example1/src$ gedit Publisher1.cpp
```

图 4.2 创建功能包和 *.cpp 文件

下面以发布 ROS 的标准消息类型 std_msgs::String 字符串为例,用 C++ 语言编写消息发布节点(Publisher),程序代码如图 4.3 所示。

程序代码的解释如下。

第 1 ~ 3 行:包含头文件。使用 C++ 编写程序时必须包含 ros/ros.h 文件,包含了 roscpp 中绝大多数的头文件;程序中使用了 String(字符串)类型的消息,需添加包含该消息类型的头文件 std_msgs/String,std_msgs 是 ros 标准消息包的名称。

第 7 行:初始化节点。节点名称为"Publisher1",该名称需保证唯一性。在调用其他 roscpp 函数之前,必须先调用 ros::init()函数初始化节点。argc 和 argv 是命令行文件输入的参数,其可以实现名称重映射。

如果想启动多个相同节点,则使用 init_options::AnonymousName 参数。

用法:ros::init(argc,argv,"node_name",init_options::AnonymousName);

Publisher1.cpp (~/catkin_ws/src/ch4_Example1/src) - gedit

打开(O) ▾ 保存(S)

```
1 #include "ros/ros.h"
2 #include "std_msgs/String.h"
3 #include <sstream>
4
5 int main(int argc, char ** argv)
6 {
7   ros::init(argc, argv, "Publisher1");
8   ros::NodeHandle n;
9
10  ros::Publisher chatter_pub = n.advertise <std_msgs::String> ("chatter", 1000);
11  ros::Rate loop_rate(1);
12
13  int count = 0;
14  while(ros::ok())
15  {
16    std_msgs::String msg;
17    std::stringstream ss;
18    ss << "hello ROS" << count;
19    msg.data = ss.str();
20    ROS_INFO("%s", msg.data.c_str());
21    chatter_pub.publish(msg);
22    ros::spinOnce();
23    loop_rate.sleep();
24    ++count;
25  }
26  return 0;
27 }
```

C++ ▾ 制表符宽度：2 ▾ 行 16，列 26 ▾ 插入

图 4.3 简单消息发布节点的 C++ 代码示例

第 8 行:创建节点句柄。创建的第一个节点句柄用来初始化节点,最后一个销毁的节点句柄会清除所有节点占用的资源。

第 10 行:设置该节点为发布节点,并告知节点管理器在名为 chatter 的主题发布类型为 std_msgs::String、队列长度为 1 000 的消息。同时会让节点管理器(Node Master)"告诉"正在"监听"chatter 主题的订阅节点,该节点将在 chatter 主题上发布消息。

超过设定的队列长度后,旧的消息将会被自动丢弃。

advertise( )函数返回一个 ros::Publisher 对象,它有两个目的:(1)该对象包含一个 publish( )方法,可以将消息发布到创建它的话题上;(2)如果消息类型不匹配,则拒绝发布。

第 11 行:设置发布频率是 1 Hz,即每秒发布 1 次消息。在 ROS 系统中,底层的传感器和控制器数据以 1 kHz 的频率发布消息是很常见的。

第 14 行:节点的主循环。正常运行时,ros::ok( )函数返回 ture;在以下四种分情况时返回 false:

a. 收到 SIGINT 信号,即在用户终端窗口按下 < Ctrl + C >组合键,系统会自动触发 SIGINT 句柄来关闭这个进程;

b. 另一个同名节点启动,先前运行的同名节点会被自动终止;

c. ros::shutdown( )被程序的另一部分调用;

d. 所有的 ros::NodeHandles 都已被销毁。

第 16 ~ 19 行:将数据传入消息,std_msgs::String 类型只有一个成员 data,因此先创建一个正确类型的消息变量(如代码中的 msg),然后将数据传入消息变量中。

第 20 行:将日志信息输出在终端屏幕上。ROS 使用 rosconsole 功能包来处理日志消息,提供了 C 语言风格的格式输出函数(printf)和 C++ 语言风格的标准输入/输出数据流(stream),详见 6.2 节生成日志消息。

第 21 行:发布消息 msg。节点管理器将搜索所有订阅该主题的节点,并帮助在发布节点与订阅节点之间建立连接,从而完成消息的传输。

第 22 行:该函数的作用是处理节点的所有回调函数。对于本程序而言,因为没有回调函数调用,所以 ros::spinOnce( )不是必需的。如果要在同一个程序中添加订阅功能,就需要用到 ros::spinOnce( )了,所以本程序保留了该部分的内容。

第 23 行:程序休眠。与第 11 行的发布频率相结合来看,ros::Rate 会计算距离上次调用 rate::sleep( )过去了多久,并且休眠正确的时间长度。

4.2.3　主题订阅节点的 C++ 实现

在终端中输入如下命令,切换到功能包 ch4_Example1 的 src 文件夹下,使用 gedit 编辑器创建并打开 Subscriber1.cpp 文件。

```
$ cd ~/catkin_ws/src/ch4_Example1/src
$ gedit Subscriber1.cpp
```

用 C++ 语言编写主题订阅节点(Subscriber),并订阅 4.2.2 节中程序发布的 chatter 主题,接收 std_msgs::String(字符串)类型的消息。程序代码如图 4.4 所示。

程序代码的解释如下。

第 4 ~ 7 行:回调函数 chatterCallback( )。当节点收到 chatter 主题的消息时,就会调用这个函数,并将收到的消息通过 ROS_INFO( )函数显示到终端。

第 14 行:设置该节点为订阅节点,订阅的主题名称为 chatter。一旦节点收到了消息,则调用函数 chatterCallback( )来处理。subscriber( )函数返回一个 ros::Subscriber 对象。当订阅对象被销毁时,它会自动取消订阅 chatter 主题。

第 15 行:消息回调处理。调用此函数才真正开始进入循环处理,直到 ros::ok( )返回 false 才停止。

需要说明的是,ros::spin( )需要写在 main( )函数的最后,且在 return 语句之前。ros::spin( )不需要设置频率,而 ros::spinOnce( )需要设置频率。

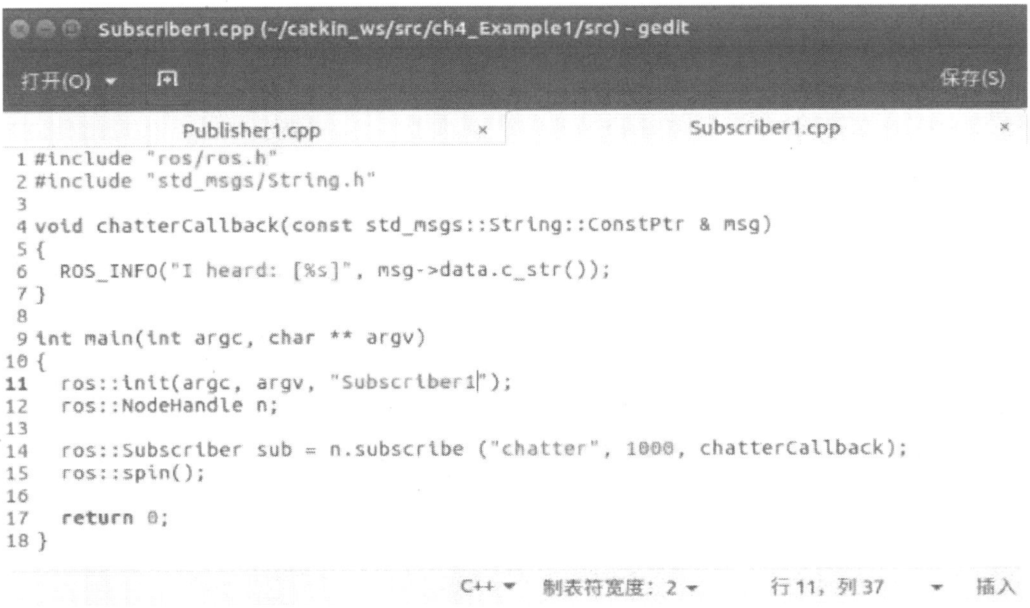

```
Subscriber1.cpp (~/catkin_ws/src/ch4_Example1/src) - gedit
打开(O) ▾                                                    保存(S)
Publisher1.cpp  ×                    Subscriber1.cpp  ×
 1 #include "ros/ros.h"
 2 #include "std_msgs/String.h"
 3
 4 void chatterCallback(const std_msgs::String::ConstPtr & msg)
 5 {
 6   ROS_INFO("I heard: [%s]", msg->data.c_str());
 7 }
 8
 9 int main(int argc, char ** argv)
10 {
11   ros::init(argc, argv, "Subscriber1");
12   ros::NodeHandle n;
13
14   ros::Subscriber sub = n.subscribe ("chatter", 1000, chatterCallback);
15   ros::spin();
16
17   return 0;
18 }
                 C++ ▾   制表符宽度: 2 ▾     行 11, 列 37   ▾   插入
```

图 4.4　简单主题订阅节点的 C++ 代码示例

4.2.4　编译程序并运行节点

1. 修改 CMakeLists. txt 文件

CMakeLists. txt 文件属于编译规则文件，在编译程序之前，需要先将刚刚编写好的两个程序的信息添加到文件中。

在终端中输入如下命令，切换到功能包 ch4_Example1 的 src 文件夹下，使用 gedit 编辑器打开 CMakeLists. txt 文件：

```
$ cd ~/catkin_ws/src/ch4_Example1
$ gedit CMakeLists.txt
```

在 CMakeLists. txt 文件中找到 include_directories(${catkin_INCLUDE_DIRS})标签项，并在其后添加两个命令，add_executable 命令表示从源代码中创建可执行文件，第一个参数是可执行文件名；target_link_libraries 命令则表示与指定的库函数相链接。在 ch4_Example1 功能包中共创建了发布节点 Publisher1 和订阅节点 Subsriber1 两个程序，因此需要添加 4 行命令，如图 4.5 所示，方框范围内的内容是需要添加的语句。

2. 编译程序

在终端中输入如下命令，切换到 catkin 工作空间的根目录下，编译工作空间，并配置环境变量，如图 4.6 所示：

```
$ cd ~/catkin_ws
```

```
$ catkin_make
$ source devel/setup.bash
$ echo $ROS_PACKAGE_PATH
```

```
CMakeLists.txt (~/catkin_ws/src/ch4_Example1) - gedit
打开(O) ▾                                                保存(S)
112 ############
113 ## Build ##
114 ############
115
116 ## Specify additional locations of header files
117 ## Your package locations should be listed before other locations
118 include_directories(
119 # include
120   ${catkin_INCLUDE_DIRS}
121 )
122
123 add_executable(Publisher1 src/Publisher1.cpp)
124 target_link_libraries(Publisher1 ${catkin_LIBRARIES})
125
126 add_executable(Subscriber1 src/Subscriber1.cpp)
127 target_link_libraries(Subscriber1 ${catkin_LIBRARIES})
128
        CMake ▾   制表符宽度：2 ▾      行 131，列 41   ▾   插入
```

图 4.5　在 CMakeLists. txt 文件中添加的语句

```
kinetic@kinetic: ~/catkin_ws
-- Configuring done
-- Generating done
-- Build files have been written to: /home/kinetic/catkin_ws/build
####
#### Running command: "make -j2 -l2" in "/home/kinetic/catkin_ws/build"
####
[ 50%] Built target Subscriber1
[100%] Built target Publisher1
kinetic@kinetic:~/catkin_ws$ source devel/setup.bash
kinetic@kinetic:~/catkin_ws$ echo $ROS_PACKAGE_PATH
/home/kinetic/catkin_ws/src:/opt/ros/kinetic/share
kinetic@kinetic:~/catkin_ws$
```

图 4.6　编译成功后信息提示

编译成功后的结果如图 4.5 所示，可以看出，生成两个目标文件 Subscriber1 和 Publisher1。每次编译成功后，都需要重新配置环境变量（setup. bash 文件），用 echo 命令检测环境变量是否配置成功。如果编译不成功就，会提示诸如“Innoking‘cmake’Failed”之类的错误信息。错误类型不同，提示的信息也不同。需要用户根据提示信息查找程序源文件和 CMakeLists. txt 文件中的问题，修改后再次编译，直到编译通过。

3. 运行程序

在终端中输入如下命令，运行消息发布节点 Publisher1：

```
$ rosrun ch4_Example1 Publisher1
```

如图 4.7 所示,消息发布节点 Publisher1 将在终端上以每秒一次的频率输出信息,而输出的信息是在程序中设置好的“Hello ROS:计时数字”。

```
kinetic@kinetic: ~/catkin_ws
kinetic@kinetic:~/catkin_ws$ rosrun ch4_Example1 Publisher1
[ INFO] [1654151790.470785679]: Hello ROS:0
[ INFO] [1654151791.471960149]: Hello ROS:1
[ INFO] [1654151792.474402482]: Hello ROS:2
[ INFO] [1654151793.473727097]: Hello ROS:3
[ INFO] [1654151794.472150569]: Hello ROS:4
[ INFO] [1654151795.472554733]: Hello ROS:5
```

图 4.7　消息发布节点的输出结果

打开一个新的终端,输入如下命令,运行主题订阅节点 Subscriber1:

```
$ rosrun ch4_Example1 Subscriber1
```

```
kinetic@kinetic: ~/catkin_ws
kinetic@kinetic:~/catkin_ws$ rosrun ch4_Example1 Subscriber1
[ INFO] [1654152533.442772814]: I heard: [Hello ROS:16]
[ INFO] [1654152534.442111296]: I heard: [Hello ROS:17]
[ INFO] [1654152535.442382833]: I heard: [Hello ROS:18]
[ INFO] [1654152536.440608505]: I heard: [Hello ROS:19]
[ INFO] [1654152537.441031588]: I heard: [Hello ROS:20]
[ INFO] [1654152538.440274664]: I heard: [Hello ROS:21]
[ INFO] [1654152539.442002004]: I heard: [Hello ROS:22]
```

图 4.8　主题订阅节点的输出结果

这两个节点的程序会一直运行下去,直到用户在两个终端上分别按下 <Ctrl + C> 组合键,强制终止程序的运行,终端将重新回到命令提示符“ $ ”状态,等待用户输入。

4.3　话题通信的 Python 实现

本节将介绍如何使用 Python 语言编写一个最简单的消息发布节点(talker2)和一个最简单的主题订阅节点(listener2),并订阅该主题来接收消息。

4.3.1　消息发布节点的 Python 实现

在终端中输入如下命令,切换到功能包 ch4_Example1 文件夹下,创建脚本文件夹 scripts,使用 gedit 编辑器创建并打开 talker2. py 文件:

```
$ cd ~/catkin_ws/src/ch4_Example1
$ mkdir scripts
$ cd scripts
```

```
$ gedit talker2.py
```

需要说明的是,这里不需要新建功能包,C++ 和 Python 可以在同一个功能包中共存,C++ 的源代码文件保存在功能包的 src 文件夹中,Python 的脚本文件保存在功能包的 scripts 文件夹中。同样,以发布 ROS 的标准消息类型 std_msgs::String(字符串)为例,用 Python 语言编写消息发布节点(talker2,为了与 4.2 节中 C++ 语言编写的 Publisher1 和 Subscriber1 相区分,本节采用 talker2 和 listener2 来命名发布节点和订阅节点),程序代码如图 4.9 所示。

talker2.py (~/catkin_ws/src/ch4_Example1/scripts) - gedit

打开(O)　　保存(S)

```python
#!/usr/bin/env python
import rospy
from std_msgs.msg import String

def talker():
  rospy.init_node('talker2',anonymous=True)
  pub = rospy.Publisher('chatter', String, queue_size=10)
  rate = rospy.Rate(2)

  count = 1
  while not rospy.is_shutdown():
    hello_str = "Hello World %s" % count
    rospy.loginfo(hello_str)
    pub.publish(hello_str)
    count +=1
    rate.sleep()

if __name__ == '__main__':
  try:
    talker()
  except rospy.ROSInterruptException:
    pass
```

Python ▾　制表符宽度: 2 ▾　行 7, 列 30　▾　插入

图 4.9　简单消息发布节点的 Python 代码示例

程序代码的解释如下。

第 1 行:指定脚本解释器为 Python。

第 2 ~ 3 行:导入 rospy 模块,导入 std_msgs. msg 模块中的 String 消息类型。

第 6 行:初始化节点,节点名称为 talker2。anonymous 标记是"告诉"rospy 节点生成唯一的名称,可以允许用户运行多个 talker2. py 程序。

第 7 行:声明节点为消息发布节点,话题为 chatter,消息类型为 String(字符串),消息队列长度的最大值为 10。

第 8 行:设置消息发布的频率为 2 Hz,即每秒发布两次消息。

第 11 行:此循环是标准的 rospy 结构,检查 rospy. is_shutdown( )函数返回值,如果节点正常运行,则 rospy. is_shutdown( )函数返回 ture;如果节点应该被关闭退出(例如用户

按下了 <Ctrl + C> 组合键),则返回 false。

第 12 行:定义消息变量,并赋值。

第 13 行:输出日志信息。

第 14 行:发布消息到主题上。

第 16 行:根据设置的频率,休眠一定的时间。

4.3.2 主题订阅节点的 Python 实现

在终端中输入如下命令,切换到功能包 ch4_Example1 下的 Python 脚本文件夹 scripts 文件夹,使用 gedit 编辑器创建并打开 listener2. py 文件:

```
$ cd ~/catkin_ws/src/ch4_Example1/scripts
$ gedit listener2.py
```

用 Python 语言编写主题订阅节点(listener),并订阅 4.3.1 节中程序发布的 chatter 主题,接收 String(字符串)类型的消息。程序代码如图 4.10 所示。

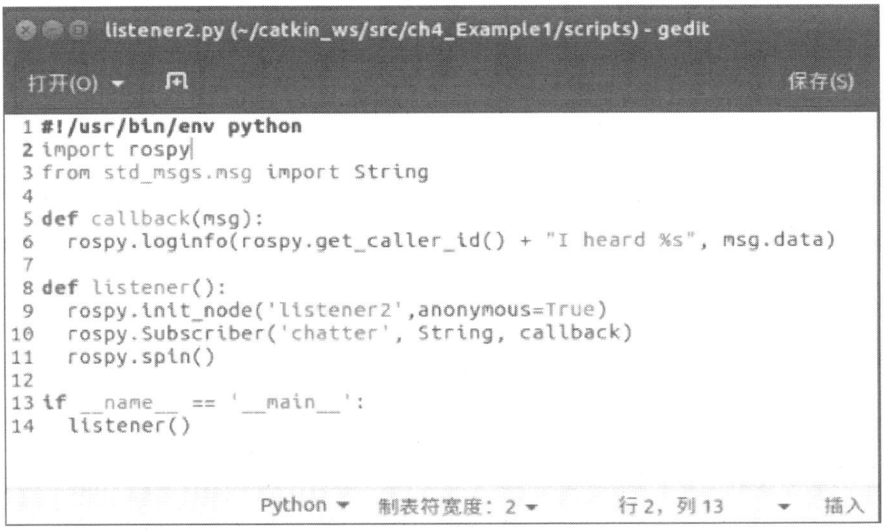

listener2.py (~/catkin_ws/src/ch4_Example1/scripts) - gedit

打开(O) 保存(S)

```
1 #!/usr/bin/env python
2 import rospy
3 from std_msgs.msg import String
4
5 def callback(msg):
6   rospy.loginfo(rospy.get_caller_id() + "I heard %s", msg.data)
7
8 def listener():
9   rospy.init_node('listener2',anonymous=True)
10  rospy.Subscriber('chatter', String, callback)
11  rospy.spin()
12
13 if __name__ == '__main__':
14  listener()
```

Python 制表符宽度:2 行 2,列 13 插入

图 4.10 简单主题订阅节点的 Python 代码示例

程序代码的解释如下。

第 5 行:定义回调函数。

第 6 行:回调函数的功能是输出日志信息。

第 9 行:初始化节点,节点名称为 listener2。

第 10 行:声明节点为话题订阅节点,订阅的话题为 chatter,消息类型为 String,同时调用回调函数 callback。当接收到新的消息时,以消息作为第一个参数自动调用 callback 回调函数。

第 11 行:保持节点运行,直到节点关闭。与 roscpp 中的 ros::spin( )不同,rospy.

spin( )不影响订阅的回调函数,因为回调函数有自己的线程。

4.3.3 运行节点

Python 属于解释语言,不需要编译,但需要在终端中输入如下命令,将 Python 程序的权限设置为可执行:

```
$ roscd ch4_Example1 /scripts
$ chmod + x talker2.py
$ chmod + x listener2.py
```

在终端中输入如下命令,启动节点管理器,运行发布节点 talker2:

```
$ roscore
$ rosrun ch4_Example1 talker2.py
```

发布节点的运行结果如图 4.11 所示。

```
kinetic@kinetic: ~/catkin_ws
kinetic@kinetic:~/catkin_ws$ rosrun ch4_Example1 talker2.py
[INFO] [1654685864.841425]: Hello World 1
[INFO] [1654685865.344791]: Hello World 2
[INFO] [1654685865.842277]: Hello World 3
[INFO] [1654685866.344193]: Hello World 4
[INFO] [1654685866.844774]: Hello World 5
```

图 4.11 发布节点的运行结果

打开一个新的终端窗口,输入如下命令,刷新环境变量,运行订阅节点 listener2:

```
$ source devel /setup.bash
$ rosrun ch4_Example1 listener2.py
```

订阅节点的运行结果如图 4.12 所示。

```
kinetic@kinetic: ~/catkin_ws/src/ch4_Example1/scripts
^Ckinetic@kinetic:~/catkin_ws/src/ch4_Example1/scripts$ rosrun ch4_Example1 listener2.py
[INFO] [1654685881.843285]: /listener2_15272_1654685881256I heard Hello World 35
[INFO] [1654685882.342745]: /listener2_15272_1654685881256I heard Hello World 36
[INFO] [1654685882.844912]: /listener2_15272_1654685881256I heard Hello World 37
[INFO] [1654685883.344585]: /listener2_15272_1654685881256I heard Hello World 38
[INFO] [1654685883.845337]: /listener2_15272_1654685881256I heard Hello World 39
[INFO] [1654685884.343795]: /listener2_15272_1654685881256I heard Hello World 40
[INFO] [1654685884.846283]: /listener2_15272_1654685881256I heard Hello World 41
```

图 4.12 订阅节点的运行结果

4.4 自定义的消息类型

ROS 中定义了一些标准数据类型,用于话题通信和服务通信,当这些标准的数据类型不能满足需要时,用户也可以使用自定义的消息类型和自定义的服务类型。

本节将介绍消息文件和服务文件的构成,创建、编译消息文件和服务文件的方法,以及对 CMakeLists. txt(编译规则文件)与 package. xml(包清单文件)的必要修改。

4.4.1 消息文件概述

自定义的消息文件(*. msg)保存在 ROS 功能包的 msg 文件夹下,用于描述 ROS 所使用的消息类型。消息文件会由 catkin_make 自动编译成 C++ 语言或者 Python 语言的代码文件。消息文件的每一行会声明一个数据类型和变量名,数据类型可以是 ROS 的标准数据类型,见表 4.1,也可以是自定义的消息数据类型。

表 4.1 ROS 的标准数据类型

数据类型	C++	Python2	Python3	数据类型	C++	Python2	Python3
bool	uint8_t	bool		uint64	uint64_t	long	int
int8	int8_t	int		float32	float	float	
uint8	uint8_t			float64	double		
int16	int16_t			string	std::String	str	bytes
uint16	uint16_t			time	ros::Time	rospy. Time	
int32	int32_t			duration	ros::Duration	rospy. Duration	
uint32	uint32_t						

4.4.2 创建消息文件

当 ROS 中的标准数据类型不能满足需要时,用户可以自定义消息类型,具体操作步骤如下。

步骤 1:在终端中输入如下命令,切换到功能包 ch4_Example1 文件夹下,并创建保存消息文件的 msg 文件夹:

```
$ cd ~ /catkin_ws/src/ch4_Example1
$ mkdir msg
```

步骤 2:在终端中输入如下命令,切换到 msg 文件夹下,使用 gedit 编辑器创建并打开消息文件 msg1. msg:

```
$ cd msg
$ gedit msg1.msg
```

在 msg1. msg 文件中自定义消息类型,例如,自定义一个整型变量 No 和一个字符串变量 Name,如图 4.13 所示。

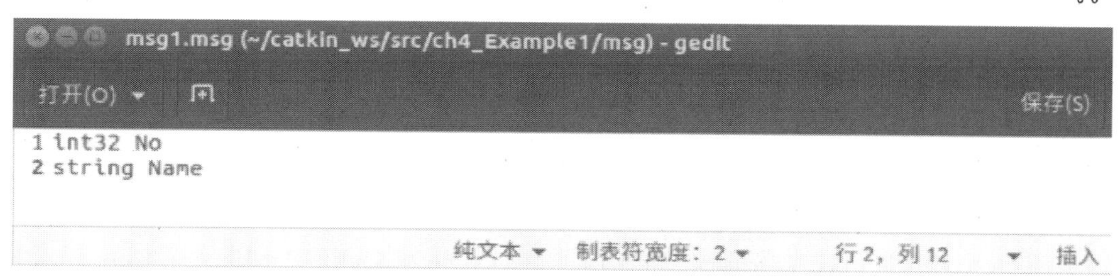

图 4.13 创建自定义的消息文件

步骤 3：在终端中输入如下命令，切换到功能包 ch4_Example1 文件夹下，使用 gedit 编辑器打开 package.xml（包清单）文件：

```
$ cd ~/catkin_ws/src/ch4_Example1
$ gedit package.xml
```

在 package.xml 文件中，找到编译依赖项部分的标签，如图 4.14 所示，方框范围内的内容是用户自定义消息类型时需要增加的语句。

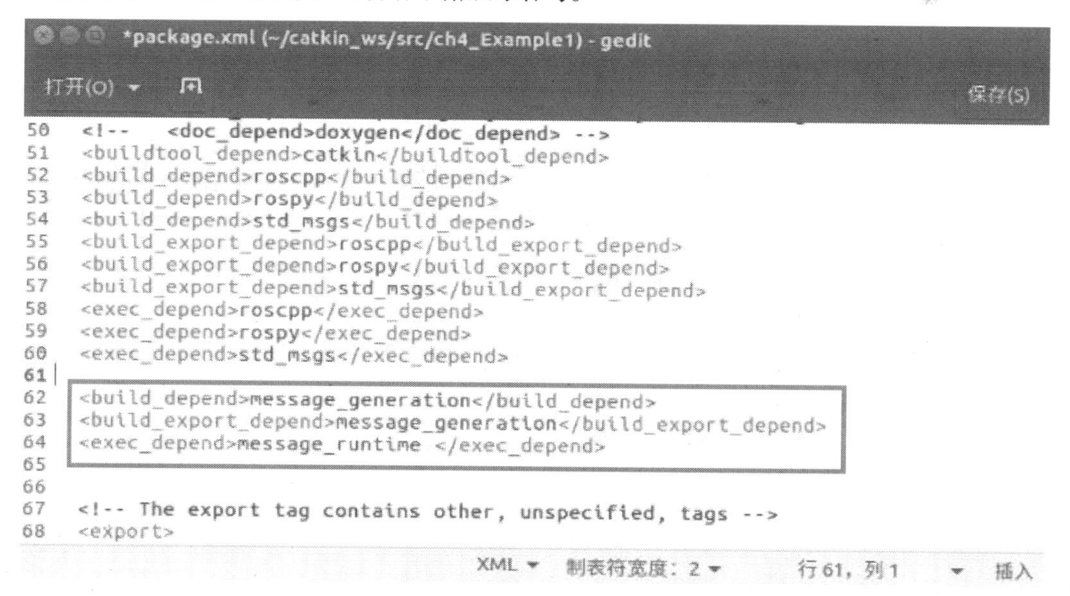

图 4.14 在 package.xml 文件中需要添加编译依赖项

步骤 4：在终端中输入如下命令，切换到功能包 ch4_Example1 文件夹下，使用 gedit 编辑器打开 CMakeLists.txt（编译规则）文件：

```
$ cd ~/catkin_ws/src/ch4_Example1
$ gedit CMakeLists.txt
```

对于 CMakeLists.txt（编译规则）文件，需要做如下修改。

a. 找到 find_package( ) 语句段，添加消息生成选项，如图 4.15 所示，方框范围内的内容是用户自定义消息类型时需要增加的语句。

```
CMakeLists.txt (~/catkin_ws/src/ch4_Example1) - gedit
打开(O) ▾                                                保存(S)
 7 ## Find catkin macros and libraries
 8 ## if COMPONENTS list like find_package(catkin REQUIRED
   COMPONENTS xyz)
 9 ## is used, also find other catkin packages
10
11 find_package(catkin REQUIRED COMPONENTS
12   roscpp
13   rospy
14   std_msgs
15
16   message_generation
17
18 )
19
        CMake ▾   制表符宽度：2 ▾        行 17，列 1    ▾   插入
```

图 4.15　在 CMakeLists. txt 文件中添加消息生成选项

b. 取消 add_message_files 部分的注释,添加自定义消息文件的文件名 msg1. msg,如图 4. 16 所示。

```
CMakeLists.txt (~/catkin_ws/src/ch4_Example1) - gedit
打开(O) ▾                                                保存(S)
53 ## Generate messages in the 'msg' folder
54 add_message_files(
55   FILES
56   msg1.msg
57 )
58
59 ## Generate services in the 'srv' folder
60 # add_service_files(
61 #   FILES
62 #   Service1.srv
63 #   Service2.srv
64 # )
65
        CMake ▾   制表符宽度：2 ▾        行 57，列 2    ▾   插入
```

图 4.16　在 CMakeLists. txt 文件中添加自定义消息文件名

c. 取消 generate_messages 部分的注释,使得消息可以顺利生成,如图 4. 17 所示。

```
*CMakeLists.txt (~/catkin_ws/src/ch4_Example1) - gedit
打开(O) ▾                                             保存(S)
72
73 ## Generate added messages and services with any dependencies
   listed here
74 generate_messages(
75   DEPENDENCIES
76   std_msgs
77 )
78
        CMake ▾   制表符宽度：2 ▾      行 77，列 2    ▾   插入
```

图 4.17　在 CMakeLists.txt 文件中取消 generate_messages 部分的注释

d. 在 catkin_package 语句段中增加依赖项，如图 4.18 所示。

```
CMakeLists.txt (~/catkin_ws/src/ch4_Example1) - gedit
打开(O) ▾                                             保存(S)
98
99 ##################################
100 ## catkin specific configuration ##
101 ##################################
102 ## The catkin_package macro generates cmake config files for
    your package
103 ## Declare things to be passed to dependent projects
104 ## INCLUDE_DIRS: uncomment this if your package contains header
    files
105 ## LIBRARIES: libraries you create in this project that
    dependent projects also need
106 ## CATKIN_DEPENDS: catkin_packages dependent projects also need
107 ## DEPENDS: system dependencies of this project that dependent
    projects also need
108 catkin_package(
109 #  INCLUDE_DIRS include
110 #  LIBRARIES ch4_Example1
111 #  CATKIN_DEPENDS roscpp rospy std_msgs
112 #  DEPENDS system_lib
113   CATKIN_DEPENDS message_runtime roscpp rospy std_msgs
114 )
115
在第 108 行找到了括...   CMake ▾   制表符宽度：2 ▾   行 114，列 2   ▾   插入
```

图 4.18　在 CMakeLists.txt 文件中增加依赖项

4.4.3　编译消息文件

在终端中输入如下命令，切换到 catkin 工作空间的根目录下，编译工作空间并刷新环境变量：

```
$ cd ~/catkin_ws
```

```
$ catkin_make
$ source devel/setup.bash
```

在终端中输入如下命令,检查编译是否成功:

```
$ rosmsg show ch4_Example1/msg1
```

如果在终端中输出的自定义消息内容(图 4.19)与图 4.13 中自定义的数据类型相同,则说明编译成功。

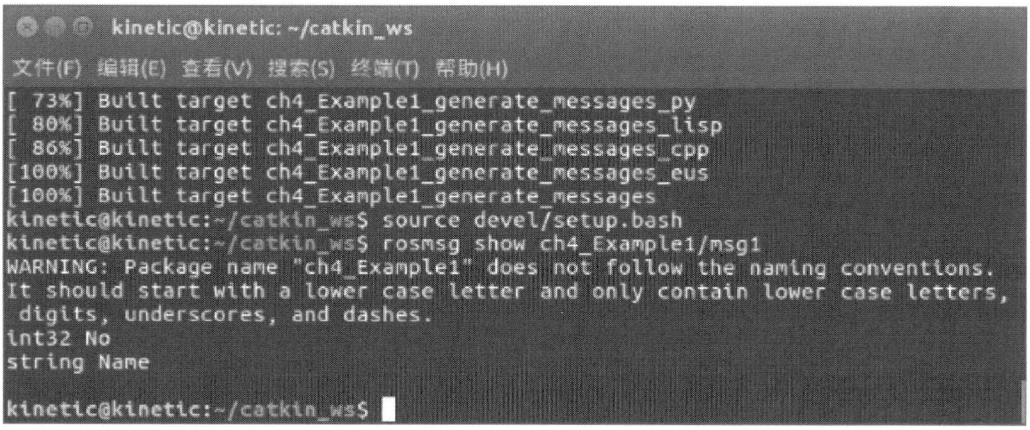

```
kinetic@kinetic: ~/catkin_ws
文件(F) 编辑(E) 查看(V) 搜索(S) 终端(T) 帮助(H)
[ 73%] Built target ch4_Example1_generate_messages_py
[ 80%] Built target ch4_Example1_generate_messages_lisp
[ 86%] Built target ch4_Example1_generate_messages_cpp
[100%] Built target ch4_Example1_generate_messages_eus
[100%] Built target ch4_Example1_generate_messages
kinetic@kinetic:~/catkin_ws$ source devel/setup.bash
kinetic@kinetic:~/catkin_ws$ rosmsg show ch4_Example1/msg1
WARNING: Package name "ch4_Example1" does not follow the naming conventions. It should start with a lower case letter and only contain lower case letters, digits, underscores, and dashes.
int32 No
string Name

kinetic@kinetic:~/catkin_ws$
```

图 4.19　在终端中查看自定义的消息内容

4.5　自定义的服务文件

4.5.1　服务文件概述

与自定义的消息文件相同,当 ROS 中标准数据类型不能满足需要时,用户可以自定义服务文件。自定义服务文件(*.srv)保存在 ROS 功能包的 srv 文件夹下,用于描述 ROS 所使用的消息类型,其数据类型可以是 ROS 的标准数据类型,见表 4.1,也可以是自定义的消息数据类型。

服务文件(*.srv)分为请求和相应两部分,用三个短横线“---”分隔,示例代码如下:

```
int64 A
int64 B
---
int64 C
int64 D
```

其中,A 和 B 是请求,而 C 和 D 是响应。

4.5.2 创建服务文件

为了与话题通信方式的功能包 ch4_Example1 相区分,这里创建 ch4_Example2 功能包,以容纳本书的服务通信方式的示例代码。

在终端中输入如下命令,切换到 catkin 工作空间的源文件 catkin_ws/src 文件夹下,创建 ch4_Example2 功能包:

```
$ cd ~/catkin_ws/src
$ catkin_create_pkg ch4_Example2 std_msgs roscpp rospy
```

创建消息文件的具体操作步骤如下。

步骤 1:在终端中输入如下命令,切换到新 ch4_Example2 文件夹下,创建 srv 文件夹,用以保存服务文件:

```
$ cd ~/catkin_ws/src/ch4_Example2
$ mkdir srv
```

步骤 2:在终端输入如下命令,切换到 srv 文件夹下,使用 gedit 编辑器创建并编辑 srv2. srv 文件:

```
$ cd srv
$ gedit srv2.srv
```

在 srv2. srv 文件中自定义服务类型,如图 4.20 所示,其中浮点数 float32 w 和 float32 h 为请求参数,float32 area 为响应参数,本例的目的是通过服务通信方式,输入矩形的宽度 w 和高度 h,得到矩形的面积 area。

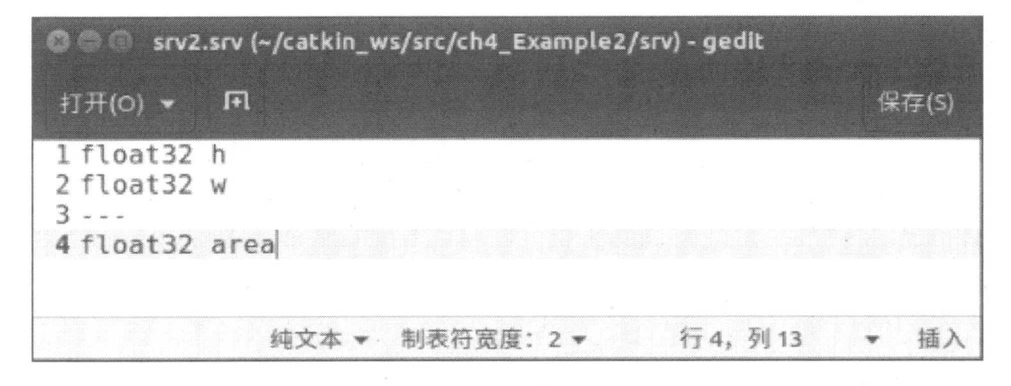

图 4.20 创建自定义的服务文件

步骤 3:在终端中输入如下命令,切换到功能包 ch4_Example2 文件夹下,使用 gedit 编辑器打开 package. xml(包清单)文件:

```
$ cd ~ /catkin_ws/src/ch4_Example2
```

```
$ gedit package.xml
```

在 package. xml(包清单)文件中,找到编译依赖项部分的标签,增加方框范围中所示的语句,如图 4.21 所示。

```
*package.xml (~/catkin_ws/src/ch4_Example2) - gedit
打开(O) ▾                                                    保存(S)
50  <!--   <doc_depend>doxygen</doc_depend> -->
51  <buildtool_depend>catkin</buildtool_depend>
52  <build_depend>roscpp</build_depend>
53  <build_depend>rospy</build_depend>
54  <build_depend>std_msgs</build_depend>
55  <build_export_depend>roscpp</build_export_depend>
56  <build_export_depend>rospy</build_export_depend>
57  <build_export_depend>std_msgs</build_export_depend>
58  <exec_depend>roscpp</exec_depend>
59  <exec_depend>rospy</exec_depend>
60  <exec_depend>std_msgs</exec_depend>
61
62  <build_depend>message_generation</build_depend>
63  <build_export_depend>message_generation</build_export_depend>
64  <exec_depend>message_runtime </exec_depend>
65
66
67  <!-- The export tag contains other, unspecified, tags -->
68  <export>
                XML ▾   制表符宽度: 2 ▾   行 61, 列 1   ▾   插入
```

图 4.21　在 package. xml 文件中需要添加编译依赖项

步骤 4:在终端中输入如下命令,切换到功能包 ch4_Example2 文件夹下,使用 gedit 编辑器打开 CMakeLists. txt(编译规则)文件:

```
$ cd ~ /catkin_ws/src/ch4_Example2
$ gedit CMakeLists.txt
```

对于 CMakeLists. txt(编译规则)文件,需要做如下修改。

a. 找到 find_package( )语句段,添加消息生成选项,如图 4.22 所示,方框范围内的内容是用户自定义消息类型时需要增加的语句。

```
CMakeLists.txt (~/catkin_ws/src/ch4_Example2) - gedit
打开(O) ▾                                                    保存(S)
 6
 7 ## Find catkin macros and libraries
 8 ## if COMPONENTS list like find_package(catkin REQUIRED COMPONENTS
   xyz)
 9 ## is used, also find other catkin packages
10 find_package(catkin REQUIRED COMPONENTS
11   roscpp
12   rospy
13   std_msgs
14   std_srvs
15   message_generation
16 )
17
                CMake ▾   制表符宽度: 2 ▾   行 21, 列 1   ▾   插入
```

图 4.22　在 CMakeLists. txt 文件中添加消息生成选项

b. 取消 add_service_files 部分的注释,添加自定义服务文件的文件名 srv2. srv,如图 4.23 所示。

```
CMakeLists.txt (~/catkin_ws/src/ch4_Example2) - gedit
打开(O) ▾    保存(S)
49
50 ## Generate messages in the 'msg' folder
51 # add_message_files(
52 #   FILES
53 #   Message1.msg
54 #   Message2.msg
55 # )
56
57 ## Generate services in the 'srv' folder
58 add_service_files(
59   FILES
60   srv2.srv
61 )
62
CMake ▾  制表符宽度: 2 ▾  行 54, 列 17  ▾  插入
```

图 4.23　在 CMakeLists. txt 文件中添加自定义服务文件名

c. 取消 generate_messages 部分的注释,使得服务可以顺利生成,如图 4.24 所示。注意,generate_messages 下的 std_msgs、std_srvs 需要与图 4.22 中 find_package 下的 std_msgs、std_srvs 同时出现,否则编译时会报错,编译不成功。

```
*CMakeLists.txt (~/catkin_ws/src/ch4_Example2) - gedit
打开(O) ▾    保存(S)
70
71 ## Generate added messages and services with any dependencies listed
   here
72 generate_messages(
73   DEPENDENCIES
74   std_msgs
75   std_srvs
76 )
77
CMake ▾  制表符宽度: 2 ▾  行 79, 列 49  ▾  插入
```

图 4.24　在 CMakeLists. txt 文件中取消 generate_messages 部分的注释

d. 在 catkin_package 语句段中增加依赖项,如图 4.25 所示。

需要说明的是,package. xml(包清单)和 CMakeLists. txt(编译规则)文件中部分需要修改、添加的内容,在创建自定义消息文件时已经修改、添加过了,这里无须重复。如果用户之前没有创建过自定义消息文件,则需要手动修改、添加这部分的内容。

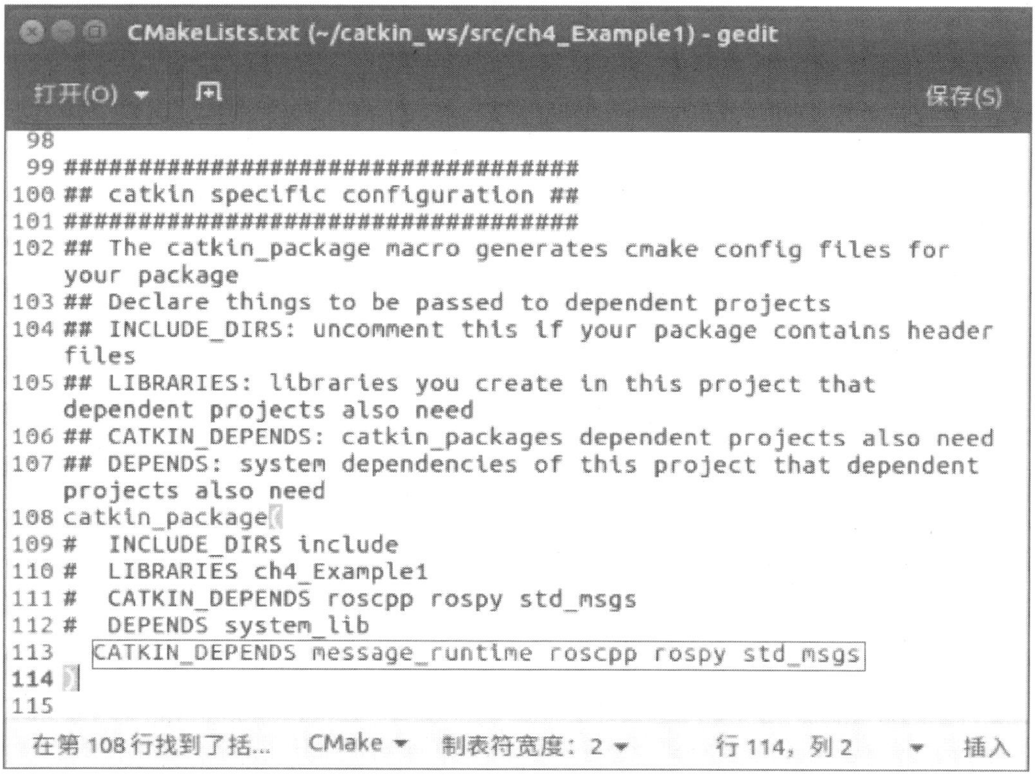

```
CMakeLists.txt (~/catkin_ws/src/ch4_Example1) - gedit
打开(O) ▾                                                    保存(S)
 98
 99 ########################################
100 ## catkin specific configuration ##
101 ########################################
102 ## The catkin_package macro generates cmake config files for
    your package
103 ## Declare things to be passed to dependent projects
104 ## INCLUDE_DIRS: uncomment this if your package contains header
    files
105 ## LIBRARIES: libraries you create in this project that
    dependent projects also need
106 ## CATKIN_DEPENDS: catkin_packages dependent projects also need
107 ## DEPENDS: system dependencies of this project that dependent
    projects also need
108 catkin_package(
109 #  INCLUDE_DIRS include
110 #  LIBRARIES ch4_Example1
111 #  CATKIN_DEPENDS roscpp rospy std_msgs
112 #  DEPENDS system_lib
113   CATKIN_DEPENDS message_runtime roscpp rospy std_msgs
114 )
115
在第 108 行找到了括...   CMake ▾   制表符宽度: 2 ▾   行 114, 列 2   ▾   插入
```

图 4.25 在 CMakeLists. txt 文件中增加依赖项

4.5.3 编译服务文件

在终端中输入如下命令,切换到 catkin 工作空间的根目录下,编译工作空间并刷新环境变量:

```
$ cd ~/catkin_ws
$ catkin_make
$ source devel/setup.bash
```

在终端中输入如下命令,检查编译是否成功:

```
$ rossrv show ch4_Example2/srv2
```

如果在终端中输出自定义的服务内容(图 4.26)与图 4.20 中自定义的数据类型相同,则说明编译成功。同时在 catkin_ws/devel/include/ch4_Example2 文件夹下,将编译生成 srv2. h、srv2Request. h 和 srv2Response. h 三个头文件,如图 4.27 所示。

```
kinetic@kinetic: ~/catkin_ws
[ 40%] Built target ch4_Example2_generate_messages_py
[ 53%] Built target ch4_Example2_generate_messages_eus
[ 60%] Built target ch4_Example2_generate_messages_cpp
[ 66%] Built target ch4_Example2_generate_messages_lisp
[ 73%] Built target ch4_Example2_generate_messages_nodejs
[ 86%] Built target ch4_client2
[ 80%] Built target ch4_Example2_generate_messages
[100%] Built target ch4_server2
kinetic@kinetic:~/catkin_ws$ source devel/setup.bash
kinetic@kinetic:~/catkin_ws$ rossrv show ch4_Example2/srv2
WARNING: Package name "ch4_Example2" does not follow the naming conventions. It
should start with a lower case letter and only contain lower case letters, digit
s, underscores, and dashes.
float32 h
float32 w
---
float32 area

kinetic@kinetic:~/catkin_ws$
```

图 4.26　在终端中查看自定义的服务内容

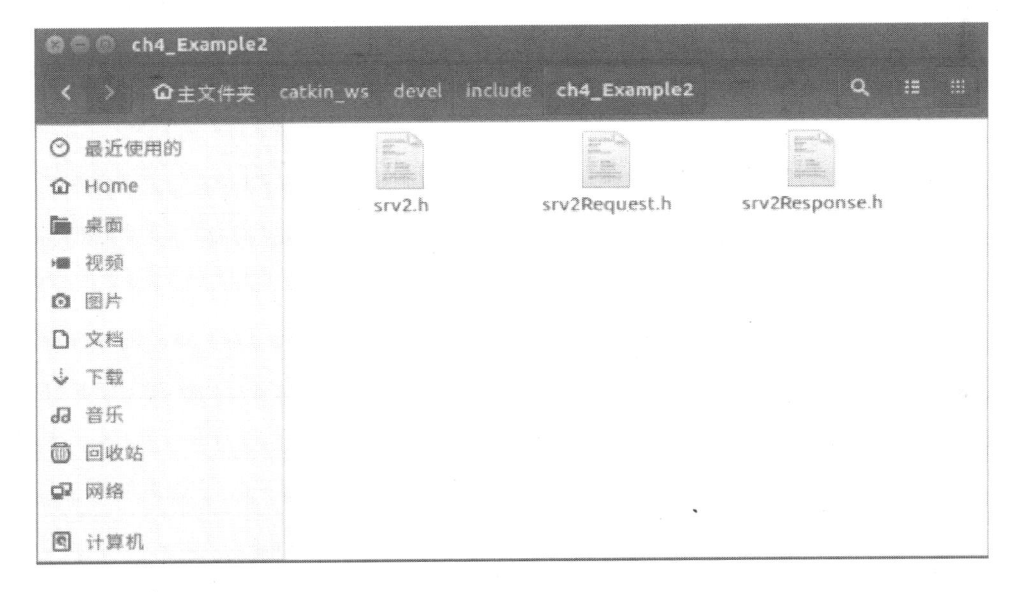

图 4.27　编译系统自动生成的头文件

4.6　服务器端与客户端程序的编写

本节将使用 4.4 节中自定义的服务文件编写相应的代码，创建服务器端和客户端程序，实现接收两个浮点参数 w、h，并返回其乘积 area 的服务，包括 C++ 语言实现和 Python 语言实现两种方法。

4.6.1 C++语言实现

1. 服务器端的 C++ 程序

在终端中输入如下命令，切换到功能包 ch4_Example2 的 src 文件夹下，使用 gedit 编辑器创建并打开 ch4_server2.cpp 文件：

```
$ cd ~/catkin_ws/src/ch4_Example2/src
$ gedit ch4_server2.cpp
```

下面以自定义的服务文件 srv2.srv 为例，用 C++ 语言编写服务器端程序（Server），程序代码如图 4.28 所示。

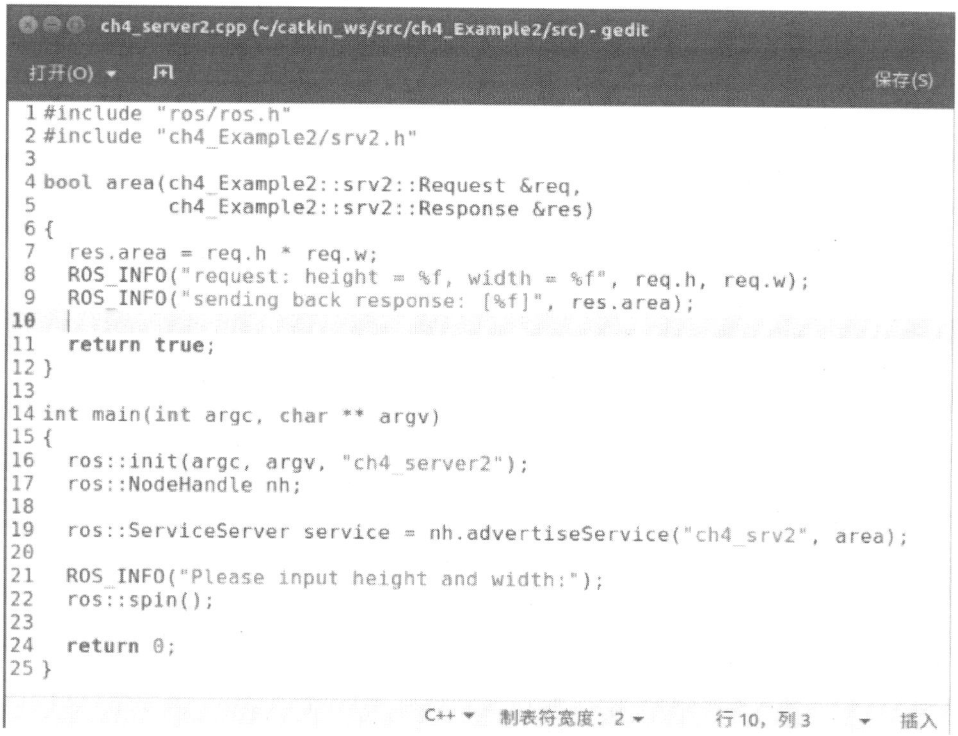

ch4_server2.cpp (~/catkin_ws/src/ch4_Example2/src) - gedit

打开(O) ▾　　保存(S)

```cpp
1 #include "ros/ros.h"
2 #include "ch4_Example2/srv2.h"
3
4 bool area(ch4_Example2::srv2::Request &req,
5           ch4_Example2::srv2::Response &res)
6 {
7   res.area = req.h * req.w;
8   ROS_INFO("request: height = %f, width = %f", req.h, req.w);
9   ROS_INFO("sending back response: [%f]", res.area);
10
11   return true;
12 }
13
14 int main(int argc, char ** argv)
15 {
16   ros::init(argc, argv, "ch4_server2");
17   ros::NodeHandle nh;
18
19   ros::ServiceServer service = nh.advertiseService("ch4_srv2", area);
20
21   ROS_INFO("Please input height and width:");
22   ros::spin();
23
24   return 0;
25 }
```

C++ ▾　制表符宽度：2 ▾　行 10，列 3　▾　插入

图 4.28　服务器端程序的 C++ 代码示例

程序代码的解释如下。

第 1 ~ 2 行：包含头文件。srv2.h 是由编译系统根据先前创建的 srv2.srv 文件自动生成的对应的头文件。

第 4 ~ 12 行：定义服务的回调函数，真正实现了服务的功能。该函数的功能是计算两个浮点参数 w、h 的乘积 area，参数 req 和 res 就是自定义服务文件 srv2.srv 中的请求和响应。在完成计算后，结果放入响应数据中，反馈给客户端，回调函数返回 true。

第 16 行：节点的初始化，给出节点名为 ch4_srv2。

第 17 行:定义节点句柄。

第 18 行:声明本节点为服务器端程序节点,advertiseService( )函数指定了服务的名称(ch4_srv2)和对应的回调函数。一旦有服务请求,就调用回调函数 area( )。

2. 客户端 C++ 程序

在终端中输入如下命令,切换到功能包 ch4_Example2 的 src 文件夹下,使用 gedit 编辑器创建并打开 ch4_client2. cpp 文件:

```
$ cd ~/catkin_ws/src/ch4_Example2/src
$ gedit ch4_client2.cpp
```

在 ch4_client2. cpp 文件中写入的代码如图 4.29 所示。

```
ch4_client2.cpp (~/catkin_ws/src/ch4_Example2/src) - gedit
打开(O) ▾   保存(S)

1 #include "ros/ros.h"
2 #include "ch4_Example2/srv2.h"
3 #include <cstdlib>
4
5 int main(int argc, char ** argv)
6 {
7   ros::init(argc, argv, "ch4_client2");
8   ros::NodeHandle nh;
9
10  if(argc !=3)
11  {
12    ROS_INFO("usage: input height and width!");
13  }
14
15  ros::ServiceClient client = nh.serviceClient<ch4_Example2::srv2> ("ch4_srv2");
16
17  ch4_Example2::srv2 srv;
18  srv.request.h = atof(argv[1]);
19  srv.request.w = atof(argv[2]);
20
21  if(client.call(srv))
22  {
23    ROS_INFO("area = %f", srv.response.area);
24  }
25  else
26  {
27    ROS_ERROR("Failed to call service ch4_srv2");
28    return 1;
29  }
30
31  return 0;
32 }

C++ ▾   制表符宽度: 2 ▾   行 20, 列 3   ▾   插入
```

图 4.29　客户端程序的 C++ 代码示例

程序代码的解释如下。

第 7 行:节点的初始化,给出节点名为 ch4_client2。

第 8 行:定义节点句柄。

第 10 ~ 13 行:检查参数的个数。

第 15 行:声明本节点为客户端程序节点,创建了一个 ch4_srv2 服务的客户端,设定服务类型为 ch4_Example2::srv2。

第 17 ~ 19 行:创建服务类型变量 srv 并赋值,该服务类型变量含有两个成员:request 与 response。request 即在运行节点时需要输入的参数。

第21~29行:用于调用服务并发送数据。一旦调用完成,将向函数返回调用的结果。如果调用成功,call( )函数将返回true值,srv. response里的值将是合法的。如果调用失败,call( )函数将返回false值,srv. response里的值将是非法的。

3. 编译并使用服务

打开功能包ch4_Example2下的CMakeLists. txt文件,添加方框中所示的语句,如图4.30所示。

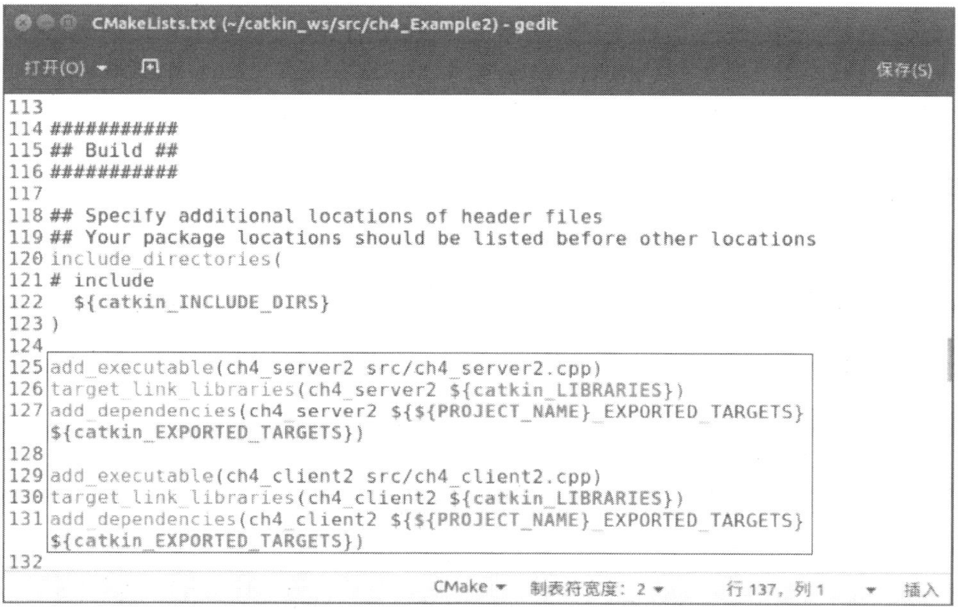

```
CMakeLists.txt (~/catkin_ws/src/ch4_Example2) - gedit
打开(O) ▾                                                保存(S)
113
114 ###########
115 ## Build ##
116 ###########
117
118 ## Specify additional locations of header files
119 ## Your package locations should be listed before other locations
120 include_directories(
121 # include
122   ${catkin_INCLUDE_DIRS}
123 )
124
125 add_executable(ch4_server2 src/ch4_server2.cpp)
126 target_link_libraries(ch4_server2 ${catkin_LIBRARIES})
127 add_dependencies(ch4_server2 ${${PROJECT_NAME}_EXPORTED_TARGETS}
    ${catkin_EXPORTED_TARGETS})
128
129 add_executable(ch4_client2 src/ch4_client2.cpp)
130 target_link_libraries(ch4_client2 ${catkin_LIBRARIES})
131 add_dependencies(ch4_client2 ${${PROJECT_NAME}_EXPORTED_TARGETS}
    ${catkin_EXPORTED_TARGETS})
132
CMake ▾   制表符宽度: 2 ▾   行 137, 列 1   ▾   插入
```

图4.30　在CMakeLists. txt文件中添加的语句

在终端输入如下命令,编译工作空间、配置环境并启动服务器端节点,如图4.31所示:

```
$ cd ~/catkin_ws
$ catkin_make
$ source devel/setup.bash
$ rosrun ch4_Example2 ch4_server2
```

可以看出,服务器端节点正处于等待状态,在终端窗口中输出“Please input height and width:”,提示用户输入矩形的宽度和高度数据。

打开新的终端窗口,输入如下命令,进入工作空间的根目录catkin_ws,配置环境变量并启动客户端,如图4.32所示:

```
$ cd ~/catkin_ws
$ source devel/setup.bash
$ rosrun ch4_Example2 ch4_client2
$ rosrun ch4_Example2 ch4_client2 1.2 2.0
```

```
kinetic@kinetic: ~/catkin_ws
[ 40%] Built target ch4_Example2_generate_messages_py
[ 53%] Built target ch4_Example2_generate_messages_eus
[ 60%] Built target ch4_Example2_generate_messages_cpp
[ 66%] Built target ch4_Example2_generate_messages_lisp
[ 73%] Built target ch4_Example2_generate_messages_nodejs
Scanning dependencies of target ch4_client2
[ 73%] Built target ch4_Example2_generate_messages
[ 80%] Building CXX object ch4_Example2/CMakeFiles/ch4_client2.dir/src/ch4_cl
ient2.cpp.o
[ 93%] Built target ch4_server2
[100%] Linking CXX executable /home/kinetic/catkin_ws/devel/lib/ch4_Example2/
ch4_client2
[100%] Built target ch4_client2
kinetic@kinetic:~/catkin_ws$ source devel/setup.bash
kinetic@kinetic:~/catkin_ws$ rosrun ch4_Example2 ch4_server2
[ INFO] [1654873331.976004062]: Please input height and width:
```

图 4.31　服务器端节点的显示结果

```
kinetic@kinetic: ~/catkin_ws
kinetic@kinetic:~$ cd ~/catkin_ws
kinetic@kinetic:~/catkin_ws$ source devel/setup.bash
kinetic@kinetic:~/catkin_ws$ rosrun ch4_Example2 ch4_client2
[ INFO] [1654875531.538805556]: usage: input height and width!
段错误 (核心已转储)
kinetic@kinetic:~/catkin_ws$ rosrun ch4_Example2 ch4_client2 1.2 2.0
[ INFO] [1654876084.635695524]: area = 2.400000
kinetic@kinetic:~/catkin_ws$
```

图 4.32　客户端节点的显示结果

可以看出，运行客户端节点时，如果没有给出服务请求的参数，会给有相应的日志消息输出，提醒用户输入参数；如果正确地给出了参数，客户端节点将请求服务器端节点的服务，并把服务器端节点响应的结果输出在客户端节点的终端窗口中。

与此同时，之前运行服务器端节点的终端窗口也会有日志消息输出，如图 4.33 所示，显示服务请求输入的参数为 height = 1.2，width = 2.0，服务的返回值为 2.4。

```
kinetic@kinetic: ~/catkin_ws
[ 53%] Built target ch4_Example2_generate_messages_eus
[ 60%] Built target ch4_Example2_generate_messages_cpp
[ 66%] Built target ch4_Example2_generate_messages_nodejs
[ 73%] Built target ch4_Example2_generate_messages_lisp
Scanning dependencies of target ch4_client2
[ 73%] Built target ch4_Example2_generate_messages
[ 80%] Building CXX object ch4_Example2/CMakeFiles/ch4_client2.dir/src/ch4_cl
ient2.cpp.o
[ 93%] Built target ch4_server2
[100%] Linking CXX executable /home/kinetic/catkin_ws/devel/lib/ch4_Example2/
ch4_client2
[100%] Built target ch4_client2
kinetic@kinetic:~/catkin_ws$ source devel/setup.bash
kinetic@kinetic:~/catkin_ws$ rosrun ch4_Example2 ch4_server2
[ INFO] [1654875155.455586377]: Please input height and width:
[ INFO] [1654875184.751513417]: request: height = 1.200000, width = 2.000000
[ INFO] [1654875184.751561190]: sending back response: [2.400000]
```

图 4.33　服务器端节点的服务响应结果

服务器端节点会一直运行下去,随时准备对客户端节点的服务请求提供服务,直到用户按下 <Ctrl + C>组合键,强制停止程序的运行。

4.6.2 Python 语言实现

在终端中输入如下命令,切换到功能包 ch4_Example2 文件夹下,创建 Python 脚本文件的存储文件夹 scripts:

```
$ cd ~/catkin_ws/src/ch4_Example2
$ mkdir scripts
```

1. 服务器端的 Python 程序

在终端中输入如下命令,切换到功能包 ch4_Example2 的 scripts 文件夹下,使用 gedit 编辑器创建并打开 ch4_server3. py 文件:

```
$ cd scripts
$ gedit ch4_server3.py
```

服务器端程序的 Python 语言实现代码,如图 4.34 所示。

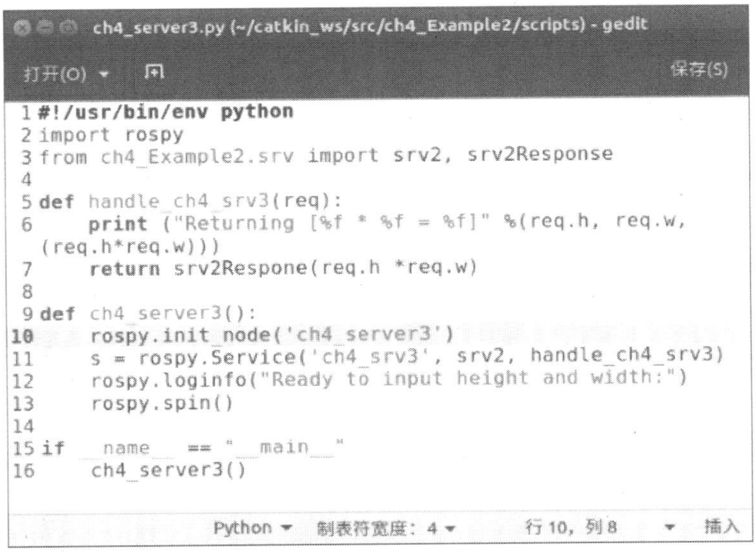

```
ch4_server3.py (~/catkin_ws/src/ch4_Example2/scripts) - gedit
打开(O) ▾    保存(S)
1 #!/usr/bin/env python
2 import rospy
3 from ch4_Example2.srv import srv2, srv2Response
4
5 def handle_ch4_srv3(req):
6     print ("Returning [%f * %f = %f]" %(req.h, req.w,
  (req.h*req.w)))
7     return srv2Respone(req.h *req.w)
8
9 def ch4_server3():
10    rospy.init_node('ch4_server3')
11    s = rospy.Service('ch4_srv3', srv2, handle_ch4_srv3)
12    rospy.loginfo("Ready to input height and width:")
13    rospy.spin()
14
15 if __name__ == "__main__"
16    ch4_server3()
Python ▾  制表符宽度: 4 ▾  行 10, 列 8  ▾  插入
```

图 4.34 服务器端程序的 Python 实现示例代码

程序代码的解释如下。

第 3 行:导入 srv2 和 srv2Response 两个类,包含在一个与功能包同名并带有. srv 扩展的 Python 模块中(本例中为 ch4_Example2. srv)。

第 5 ~7 行:定义回调函数,用于处理请求。回调函数只接收一个服务返回类型 * * Response 类型的参数(本例中为 srv2Response),即自定义服务文件的响应参数,并返回一个 * * Response 类型的值。而函数中的 req. * * 为自定服务文件中的请求参数(本例中为 req. h 和 req. w)。

第9～13行：定义功能函数(本例中为ch4_server3)。其中，第10行，初始化节点，并给出节点名；第11行，声明本节点为服务节点，并给出服务名、服务的消息类型和对应的回调函数；第13行，调用rospy. spin( )函数，将程序的执行转交给ROS，可以防止程序在服务关闭之前退出。

2. 客户端的Python程序

使用gedit编辑器创建并打开ch4_client3. py文件，客户端程序的Python语言实现代码，如图4.35所示。

ch4_client3.py (~/catkin_ws/src/ch4_Example2/scripts) - gedit

打开(O)　　保存(S)

```python
#!/usr/bin/env python
import sys
import rospy
from ch4_Example2.srv import *

def ch4_client3(x, y):
    rospy.wait_for_service('ch4_srv3')
    try:
        ch4_client3 = rospy.ServiceProxy('ch4_srv3', srv2)
        resp1 = ch4_client3(x, y)
        return resp1.area
    except rospy.ServiceException as e:
        print("Service call failed: %s"%e)

def usage():
    return "%f [x y]"%sys.argv[0]

if __name__ == "__main__":
    if len(sys.argv) == 3:
        x = int(sys.argv[1])
        y = int(sys.argv[2])
    else:
        print(usage())
        sys.exit(1)
    print("Requesting %s+%s"%(x, y))
    print("%f + %f = %f"%(x, y, ch4_client3(x, y)))
```

Python　制表符宽度：4　行26，列54　插入

图4.35　客户端程序的Python实现示例代码

程序代码的解释如下。

第7行：等待接入服务节点。在客户端程序中，不需要调用rospy. init_node( )进行节点初始化。但需要确认服务已经运行，当所需要的服务(本例中为ch4_srv3服务)不可用时，程序会一直阻塞。这也是服务通信方式与话题通信的一个主要区别，即使话题还没有声明，也是可以订阅它的。

第9行：声明本节点为服务的客户端节点，并给出所需的服务名、服务的消息类型。rospy. ServiceProxy( )函数同时创建了一个调用服务的句柄(本例中为ch4_client3)，通过这个句柄就可以像普通的函数一样调用它。

第 10 行:服务 ch4_client3 被调用,并传入两个参数 x 和 y。

第 12 行:如果服务调用失败,rospy. ServiceException 异常将会被抛出,在程序代码中需要写一个“try/except”部分。

4.7 编写启动文件

当项目中需要启动多个节点时,使用 rosrun 命令手动启动每一个节点显然会非常麻烦,因此 ROS 提供了用于自动启动 ROS 点的命令行工具——roslaunch。roslaunch 的操作对象是启动文件(即□. launch 文件),启动文件是描述一组节点及其主题重映射和参数的文件。

4.7.1 launch 文件的常用标签

标签是 * . launch 文件中最基础,也是最重要的元素。常用的标签如下。

(1) <launch>标签。所有 * . launch 文件的内容都需要写在 <launch> 和 </launch> 两个标签之间。

(2) <node>标签。<node>标签是 * . launch 文件中最基础的标签,其作用是指定要启动的 ROS 节点。<node>标签必备的属性有:

①pkg = "mypackage":节点所在的 ROS 功能包。

②type = "nodetype":节点类型,即节点对应的可执行文件。

③name = "nodename":节点名称。

除此之外, * . launch 文件中常用的可选属性包括:

①args = "arg1 arg2 arg3":运行节点所需的参数。

②respawn = "true":如果节点退出,则自动重新启动节点,默认为 false。

③respawn_delay = "30":若 respawn 设置为 true,则在检测到节点故障后,等待 respawn_delay 秒尝试重新启动,默认值为 0。

④required = "true":当该节点终止时,停止所有节点。

⑤ns = "foo":在 foo 命名空间内启动节点。

⑥output = "log | screen":当设置为“screen”时,将节点的标准输出显示在屏幕上;当设置为“log”时,将节点的标准输出发送至日志文件。默认设置为“log”。

(3) <param>标签。设置和修改参数名称、类型以及参数值等。代码示例如下:

```
<param name = "demo_param" type = "int" value = "3" />
```

该语句表示在参数服务器中添加一个名为 demo_param、类型为 int、参数值为 3 的参数。

(4) <rosparam>标签。表示允许从 YAML 文件中一次性导入大量参数。代码示例

如下：

```
<rosparam command = "load" file = "FILENAME" />
```

(5) <arg>标签。用于在 *.launch 文件中定义参数，使参数重复使用。arg 不同于 param，arg 不储存在参数服务器中，只能在 *.launch 文件中使用，不能供节点使用。

(6) <remap>标签。用于重映射。代码示例如下：

```
<remap from = "original-name" to = "new-name" />
```

如果<remap>标签与<node>标签同级，而且位于<launch>标签内的首行，则这个重映射将会作用于 launch 文件中的所有节点。

(7) <include>标签。将另一个 XML 文件导入到当前文件。代码示例如下：

```
<include file = "$(find pkg-name)/launch-file-name" />
```

(8) <group>标签。将若干个节点同时划分进某个命名空间。代码示例如下：

```
<group ns = " namespace_1" >
    < node name = " node_11" pkg = " package_1" type = " type_1" />
    < node name = " node_12" pkg = " package_1" type = " type_2" />
</group >
<group ns = “namespace_2” >
    <node name = “node_21” pkg = “package_2” type = “type_1” />
    <node name = “node_22” pkg = “package_2” type = “type_2” />
</group >
```

<group>标签还可以实现对节点的批量管理。

更多关于标签元素的内容，可以参考 https://wiki.ros.org/roslaunch/XML。

4.7.2 编写自定义的 launch 文件

roslaunch 的启动命令格式如下：

```
$ roslaunch <package> <launch>
```

代码示例如下：

```
$ roslaunch turtlebot_bringup minimal.launch
```

其中，turtlebot_bringup 是功能包名；minimal.launch 是 launch 文件。

在使用 roslaunch 启动多个节点时，不需要使用 roscore 启动节点管理器。下面介绍如何编写自定义的 launch 文件。这里以在功能包 ch4_Example3 文件夹下编写 ch4_demo1.launch 文件为例来进行说明。

1. 编写 *.launch 文件

在终端中输入如下命令，切换到 catkin_ws/src 文件夹下，创建功能包 ch4_Example3 并切换到功能包的文件夹下，创建 launch 文件夹：

```
$ cd ~/catkin_ws/src
```

```
$ catkin_create_pkg ch4_Example3 std_msgs roscpp rospy
$ cd ch4_Example3
$ mkdir launch
```

在终端窗口中输入如下命令,切换到 launch 文件夹下,使用 gedit 编辑器创建并编写 ch4_launch1. launch 文件:

```
$ cd launch
$ gedit ch4_launch1.launch
```

在 ch4_launch1. launch 文件中写入如下语句,如图 4. 36 所示,以实现同时启动节点 talker、listener、talker_msg1 和 listener_msg_1。

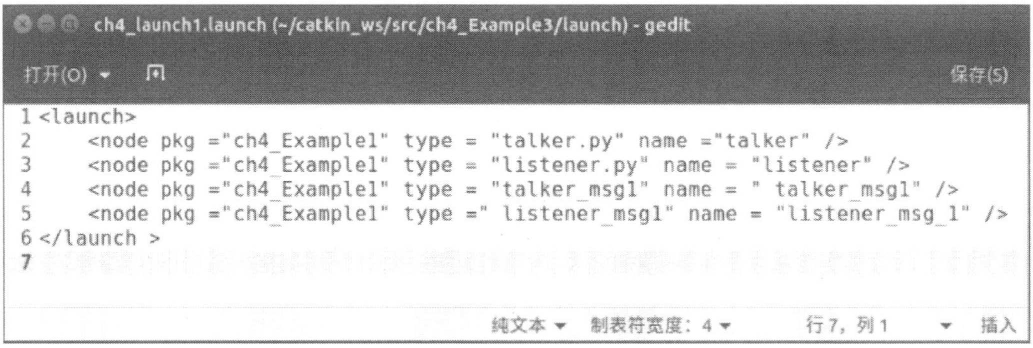

```
ch4_launch1.launch (~/catkin_ws/src/ch4_Example3/launch) - gedit
打开(O)    保存(S)
1 <launch>
2     <node pkg ="ch4_Example1" type = "talker.py" name ="talker" />
3     <node pkg ="ch4_Example1" type = "listener.py" name = "listener" />
4     <node pkg ="ch4_Example1" type = "talker_msg1" name = " talker_msg1" />
5     <node pkg ="ch4_Example1" type =" listener_msg1" name = "listener_msg_1" />
6 </launch >
7
纯文本 ▾  制表符宽度: 4 ▾  行 7, 列 1  ▾  插入
```

图 4.36　launch 文件的示例代码

在终端中输入如下命令,启动 ch4_launch1. launch 文件:

```
$ roslaunch ch4_Example3 ch4_launch1.launch
```

如果想要查看节点的输出信息,可以在 launch 文件中进行修改,也可以在使用 roslaunch 命令时增加“ - - screen”选项,代码示例如下:

```
$ roslaunch ch4_Example3 ch4_launch1.launch - -screen
```

2. 在 launch 文件中使用参数

需要注意的是,在 *. launch 文件中设置参数时需要保证程序中没有代码对同名参数进行设置,否则 launch 文件中的参数设置不会起作用。例如,在 ch4_server2. cpp 代码中对 ratio 进行了设置,若想要在 launch 文件中对 ratio 参数进行设置,就需要略做修改,删去代码中的“n. setParam(" ratio" ,N) ;”。

这里,将修改后的程序代码文件另存为 ch5_server22. cpp,然后修改 CMakeLists. txt 文件并使用 catkin_make 编译,接着新建并编写 ch4_launch2. launch 文件,如图 4. 37 所示。

```
*ch4_launch2.launch (~/catkin_ws/src/ch4_Example3/launch) - gedit
1 <launch >
2     <param name = " ratio" value = "2" />
3     <node pkg = "ch4_Example3" type = "ch5_server22" name = "server" />
4     <node pkg = "ch4_Example3" type = "ch5_client22" name = "client" args = "11" output = "screen" />
5 </launch >
```

图 4.37　使用参数的 launch 文件示例代码

4.8　本章小结

本章介绍了 ROS 功能包的创建与编译方法，使用 C++ 语言和 Python 语言分别编写消息发布节点、话题订阅节点、服务器端和客户端的程序代码，以及自定义的消息文件和服务文件，学习了启动 launch 文件的编写语法格式。通过本章的学习，可以初步掌握 ROS 编程的方法，并通过话题通信、服务通信实现 ROS 节点间的通信功能。

第5章　ROS的客户端库

ROS的客户端库(Client Library)是一套创建ROS应用程序的内置函数库和编程接口。用户在编写自己的ROS应用程序(节点)时,在程序代码中直接调用客户端库提供的函数就可以实现话题(Topic)、服务(Service)等通信功能,不需要再从头开始编写相关的功能函数,可以节省大量的开发时间。

本章分为两部分,分别介绍与C++语言的编程接口roscpp、与Python语言的编程接口rospy。这两种编程接口都可以实现话题(Topic)、服务(Service)的通信方式,在第4章中已经详细介绍过了,这里不再赘述。本章将重点介绍ROS客户端库的通用方法,以及参数服务器(Parameter Server)和时钟(Time)功能的roscpp实现方法和rospy实现方法。

5.1　Client Library 概述

ROS为不同的编程语言提供了不同的函数库和编程接口,例如,与C++的编程接口称为roscpp,与Python的编程接口称为rospy。尽管编程语言不同,但这些接口都可以用来创建话题、服务、动作库和参数服务器相关的应用程序,实现ROS的通信功能。而且不同编程语言编写的应用程序之间可以相互通信,大大提高了ROS应用程序的通用性和易用性。

目前ROS支持最好的是roscpp和rospy库,其他语言的客户端库基本上还处在测试版的阶段。完整的ROS客户端列表可以参考https://wiki.ros.org/Client%20Libraries。

表5.1　客户端库的常用接口

客户端库	简介
roscpp	ROS的C++库,是目前应用最广泛的ROS客户端库,执行效率高
rospy	ROS的Python库(https://wiki.ros.org/rospy),优势是开发效率高,可以节省大量的开发时间。 与roscpp相比,可以用更少的时间创建一个ROS节点,是快速原型设计的理想选择。 但是它的性能和roscpp相比较差,通常用在对运行时间没有太大要求的场合。 ROS中的大多数命令行工具,如roslaunch、roscore等,都是用rospy客户端库编写的
rosjava	ROS Java语言库
roslisp	ROS的LISP库,主要用于ROS中的运动规划

续表 5.1

客户端库	简介
roscs	Mono/. NET 库,可用任何 Mono/. NET 语言,包括 C#、Iron Python、Iron Ruby 等
rosgo	ROS Go 语言库
rosnodejs	Javascript 客户端库

ROS 系统的很多命令、工具和可视化界面都是基于客户端库(Client Library)实现的,ROS 的整体框架如图 5.1 所示,整个 ROS 系统中绝大部分的功能包(Package),例如节点管理器(rosmaster)、节点(rosnode)、话题(rostopic)、服务(rosservice)、标准消息(std_msgs)等模块,也可以看到 roscpp 和 rospy 所处的位置。

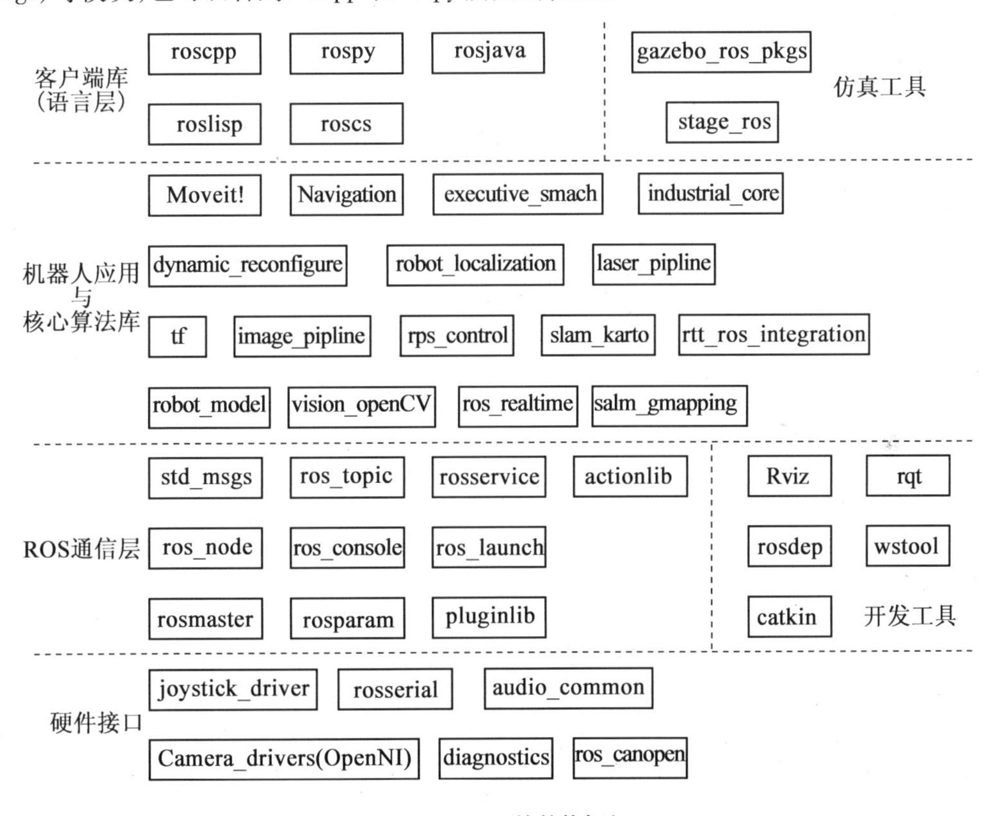

图 5.1　ROS 的整体框架

5.2　与 C++ 语言的编程接口

在 ROS 中,C++ 的代码是通过 catkin 编译系统(扩展的 CMake)来进行编译构建的。

所以简单地理解,也可以把 roscpp 看作是一个 C++ 的库,用户在开发项目时就可以调用 ROS 提供的函数了。

通常,调用 ROS 的 C++ 接口时,首先需要包含头文件"#include <ros/ros. h>"。而 roscpp 文件位于/opt/ros/kinetic 文件夹下。

roscpp 主要包括以下内容。

(1)ros::init()。解析传入的 ROS 参数,创建节点第一步需要用到的函数。

(2)ros::NodeHandle。句柄函数,也是和话题(Topic)、服务(Service)、参数服务器(Param)等通信方式交互的公共接口。

(3)ros::master。包含从节点管理器查询信息的函数。

(4)ros::this_node。包含查询这个进程的函数。

(5)ros::service。包含查询服务的函数。

(6)ros::param。包含查询参数服务器的函数,而不需要用到 NodeHandle。

(7)ros::names。包含处理 ROS 图资源名称的函数。

以上的各项功能又可以分为以下的类别。

(1)Initialization and Shutdown,初始与关闭节点。

(2)Publisher and Subscriber,发布和订阅。

(3)Service,服务。

(4)Parameter Server,参数服务器。

(5)Timer,定时器。

(6)NodeHandle,节点句柄。

(7)Callback and Spinning,回调与轮询。

(8)Logging,日志。

(9)Names and Node Information,名称管理。

(10)Time,时钟。

(11)Exception,异常。

5.2.1 包含头文件

采用 C++ 编写代码时,需要包含必要的头文件。第一个头文件是 ros. h 文件,它包含了实现 ROS 功能所必需的所有头文件;第二个头文件是消息头文件,ROS 中定义了一些标准数据类型作为通用的消息类型,用户也可以使用自定义的消息类型。标准的消息类型中有一个 std_msgs 的内置消息功能包,包含了整型、浮点型和字符串型等标准数据类型的定义。例如,在代码中使用了字符串消息,则需要包含 std_msgs/String. h 头文件,示例代码如下:

```
#include "ros/ros.h"
```

```
#include "std_msgs/String.h"
```

5.2.2　创建 ROS 节点

当执行一个 ROS 程序时,该程序就被加载到了内存中,成为一个进程,在 ROS 中称为节点(Node)。每一个 ROS 的节点尽管功能不同,但都有一些必不可少的步骤,比如初始化节点、关闭节点、创建句柄等。本小节将介绍节点的一些最基本的操作。

1. 初始化节点

对于一个使用 C++ 语言编写的 ROS 程序,区别于普通 C++ 程序,是因为在代码中做了两方面的工作。

(1)调用了 ros::init( )函数,初始化节点,并给出唯一的节点名和其他的必要信息,一般 ROS 程序都是以调用初始化函数开始的。

(2)调用了 ros::NodeHandle 函数,创建节点的句柄,它可以用来创建消息发布节点(Publisher)、话题订阅节点(Subscriber)等。创建的第一个节点句柄用来初始化节点,最后一个销毁的节点句柄会消除所有节点占用的计算机资源。

为了更好地理解句柄(Handle)的概念,举个形象点的例子,可以理解为一个"把手",握住了门把手,就可以很容易地把整扇门拉开或关上,而不必关心门是什么样子。节点句柄(NodeHandle)就是对节点资源的描述,有了它就可以操作这个节点,比如为程序提供服务(Service)、监听某个话题(topic)上的消息、访问和修改参数服务器上的参数(param)等。

2. 关闭节点

通常要关闭一个节点时,可以直接在终端窗口上按 < Ctrl + C > 组合键,系统会自动触发 SIGINT 句柄来关闭这个进程;也可以通过调用 ros::shutdown( )来手动关闭节点。

以下是一个节点初始化、关闭的例子:

```
#include <ros/ros.h>
int main(int argc, char **argv)
{
  ros::init (argc, argv, "your_node_name");
  ros::NodeHandle nh;          //节点功能
  ros::spin();                 //用于触发 topic、service 的响应队列
  return 0;
}
```

这段代码是最常见的一个 ROS 程序的执行步骤,通常要启动节点、获取句柄,而关闭的工作是由系统自动完成的。

3. 节点句柄的常用成员函数

节点句柄(NodeHandle)可以用来对当前的节点进行各种操作。在 ROS 中,NodeHandle 是一个定义好的类,通过包含头文件#include <ros/ros.h>可以创建这个类,也可以使用它的成员函数。

NodeHandle 的常用成员函数有以下六种。

(1)创建消息的发布节点(Publisher)。

```
ros::Publisher advertise(const string & topic, uint32_t queue_size, bool latch=false);
```

第一个参数为发布话题的名称;第二个参数为消息队列的最大长度,如果发布的消息数超过这个长度而没有被接收,那么旧的消息就会自动被丢弃,通常设为一个较小的数值即可;第三个参数为是否锁存,某些话题并不会以固定频率发布消息的,比如/map 话题,只有在初次订阅或者地图更新时,/map 才会发布消息。

(2)创建话题的订阅节点(Subscriber)。

```
ros::Subscriber subscribe(const string & topic, uint32_t queue_size, void (*)(M));
```

第一个参数是所订阅话题的名称;第二个参数是订阅队列的长度,如果接收到的消息都没来得及处理,那么新消息入队,旧消息就会出队;第三个参数是回调函数指针,指向回调函数来处理接收到的消息。

(3)创建服务器端(Server)。

```
ros::ServiceServer advertiseService(const string & service, bool(*srv_func)(Mreq &, Mres &));
```

第一个参数是 service 的名称;第二个参数是服务函数的指针,指向服务函数,指向的函数应该有两个参数,分别用来接收请求和响应。

(4)创建客户端(Client)。

```
ros::ServiceClient serviceClient(const string & service name, bool persistent = false);
```

第一个参数是 service 的名称;第二个参数是用于设置服务的连接是否持续,如果为 true,Client 将会保持与远程主机的连接,这样后续的请求会快一些,但也会消耗大量的系统资源,通常设为 false。

(5)查询某个参数的值。

```
bool getParam(const string &key, std::string &s);
bool getParam(const std::string &key, double &d) const;
bool getParam(const std::string &key, int &i) const;
```

从参数服务器上获取 key 对应的值,这里已重载了多个类型。

(6)给参数赋值。

```
void setParam(const std::string &key, const std::string &s) const;
void setParam(const std::string &key, const char * s) const;
void setParam(const std::string &key, int i) const;
```

给 key 对应的 val 赋值,这里重载了多个类型的 val。

可以看出,节点句柄对象(NodeHandle)在 ROS C++ 程序中是非常重要的,各种类型的通信都需要用 NodeHandle 来创建完成。接下来将具体介绍话题(Topic)、服务(Service)和参数服务器(Param)这三种基本通信方式的写法。

5.2.3 参数服务器(Param)

1. Param 简介

严格来说,参数服务器并不能称为一种通信方式,因为它往往只是用来存储一些静态的设置,而不是动态变化的。所以关于参数服务器的操作非常方便,非常简单。关于 param 的 API,roscpp 为用户提供了两套方法,一套是放在 ros::param namespace 下,另一套是放在 ros::NodeHandle 下,这两套 API 的操作完全一样,使用哪一种方法取决于用户的习惯。

2. Param 的示例代码

以 param. cpp 文件为例,介绍使用 roscpp 对参数服务器进行增加、删除、修改和查询的方法,内容包括:

```
#include "ros/ros.h"

int main(int argc, char ** argv)
{
    ros::init(argc, argv, "param demo");
    ros::NodeHandle nh;
    int parameter1, parameter2, parameter3, parameter4, parameter5;

    //get param 的三种方法
    //1.ros::param::get()获取参数"param1"的 value,写入到 parameter1 上
    bool ifget1 = ros::param::get("param1",parameter1);
    //2.ros::NodeHandle::getParam()获取参数,与 1 作用相同
    bool ifget2 =nh.getParam("param2",parameter2);
    //3.ros::NodeHandle::param()类似于 1 和 2
    //但如果 get 不到指定的 param,它可以给 param 指定一个默认值(如 33333)
    nh.param("param3", parameter3,33333);
    if(ifget1) //param 是否取得
```

```
    ...
  //set param
  //1.ros::param::set()设置参数 parameter4 =4
  ros::param::set("param4",parameter4);
  //2.ros::NodeHandle::setParam()设置参数 parameter5 =5
  nh.setParam("param5",parameter5);
  //check param
  //1.ros:NodeHandle::hasParam()
  bool ifparam5 = nh.hasParam("param5");
  //2.ros::param::has()
  bool ifparam6 =ros::param::has("param6");

  //delete param
  //1.ros::NodeHandle::deleteParam()
  bool ifdeleted5 =nh.deleteParam("param5");
  //2.ros::param::del()
  bool ifdeleted6 = ros::param::del("param6");
  ...
}
```

3. param_demo 中的 launch 文件

param_demo/ launch/ param_demo_cpp. launch 的内容为:

```
<launch>
  <! --param 参数配置 -->
  <param name = "param1" value = "1" />
  <param name = "param2" value = "2" />
  <! --rosparam 参数配置 -->
  <rosparam>
    param3:3
    param4:4
    param5:5
  </rosparam>
  <! --以上写法将参数转成 yaml 文件加载,注意:param 前面必须为空格 -->
  <! --不能用 Tab,否则 yaml 文件在解析时会出现错误 -->
  <! --rosparam file = "$(find robot_sim demo)/config/xbot2 control.
yaml" command = "load" / -->
  <node pkg = "param_demo" type = "param_demo" name = "param_demo" output =
```

```
"screen" / >
  < /launch >
```

实际项目中,对参数进行设置,尤其是添加参数时,一般都不是在程序中,而是在launch 文件中。因为 launch 文件可以方便地修改参数,而写成代码之后,修改参数必须重新编译。因此,在 launch 文件中将 param 都定义好,比如这个 demo 正确的打开方式应该是:

```
roslaunch param_demo param_demo_cpp.launch
```

4. 命名空间对 param 的影响

在实际的项目中,实例化句柄时,经常会看到两种不同的写法"ros::NodeHandle n;"和"ros::NodeHandle nh("~");"。以 launch 文件夹的 demo. launch 中定义了两个参数,一个是全局的 serial,其数值是 5;另一个是局部的 serial,其数值是 10。

```
< launch >
    <1 - -全局参数 serial - - >
    < param name = "serial" value = "5" / >
    < node name = "name demo" pkg = "name demo" type = "name demo" output =
"screen" >
        <! - -局部参数 serial - - >
        < param name = "serial" value = "10" / >
    < /node >
< /launch >
```

在 name_demo. cpp 中,分别尝试了利用全局命名空间句柄提取全局的 param 和局部的 param,以及利用局部命名空间下的句柄提取全局的 param 和局部的 param 的方法,详细的代码如下:

```
#include < ros/ros.h >
int main(int argc, char * argv[ ])
{
    int serial_number - -1;                    //serial_number 初始化
    ros::init(argc, argv, "name demo");        //节点初始化
    //创建命名空间
    //n 是全局命名空间
    ros::NodeHandle n;
    //nh 是局部命名空间
    ros::NodeHandle nh( " ~ ");
    / * 全局命名空间下的 param * /
    ROS_INFO( "global namespace");
    //提取全局命名空间下的参数 serial
```

```
    n.getParam( "serial", serial_number)
    ROS_INFO( "global_Serial was % d", serial_number);
    //提取局部命名空间下的参数 serial
    n.getParam( "name_demo/serial", serial_number);
    //在全局命名空间下,要提取局部命名空间下的参数,需要添加节点名称
    ROS_INFO( "global_to_local_Serial was % d", serial_number);
    /* 局部命名空间下的 param */
    ROS_INFO( "local namespace");
    //提取局部命名空间下的参数
    serial nh.getParam( "serial", serial_number);
    ROS_INFO( "local Serial was % d", serial_number);
    //提取全局命名空间下的参数 serial
    nh.getParam( "/serial”, serial_number):
    //在局部命名空间下,要提取全局命名空间下的参数,需要添加“/”
    ROS_INFO( "local_to_global_Serial was % d", serial_number);
    ros::spin();
    return 0;
}
```

最后的结果为:

```
[ INFO] [1525095241.802257811]:global namespace
[ INFO] [1525095241.803512501]:global_Serial was 5
[ INFO] [1525095241.804515959]:global_to_local Serial was 10
[ INFO] [1525095241.804550167]:local namespace
[ INFO] [1525095241.805126562]:local_Serial was 10
[ INFO] [1525095241.806137701]:local_to_global_Serial was 5
```

5.2.4 时钟(Time)

ROS 编程时经常需要用到时钟功能,比如计算机器人移动距离、设置程序的等待时间、设置计时器等。roscpp 同样提供了时钟方面的操作。

具体来说,roscpp 里有两种时间的表示方法,一种是时刻(ros::Time),另一种是时长(ros::Duration)。无论是 Time 还是 Duration 都具有相同的表示方法。

Time 和 Duration 都由秒和纳秒组成,使用时都需要包含两个头文件#include <ros/time.h>和#include <ros/duration.h>。

```
ros::Time begin = ros::Time::now();          //获取当前时间
ros::Time at some time1(5.20000000);         //5.2s
ros::Time at some time2(5.2);                //5.2s,重载了 float 类型和两个 uint
```

```
                                          //类型的构造函数
ros::Duration one hour(60 * 60, 0);       //1h
double secs1 = at_some_time1.toSec();     //将 Time 转为 double 型时间
double secs2 = one_hour.toSec();          //将 Duration 转为 double 型时间
```

Time 和 Duration 表示的概念并不相同，Time 指的是某个时刻，而 Duration 指的是某个时间段，尽管它们的数据结构都相同，但却用在不同的场景下。

ROS 重载了 Time、Duration 类型之间的加减运算，比如：

```
ros::Time t1 = ros::Time::now( ) - ros::Duration(5.5);
                                          //t1 是 5.5s 前的时刻
                                          //Time 减 Duration，返回都是 Time
ros::Time t2 = ros::Time::now() + ros::Duration(3.3);
                                          //t2 是当前时刻往后推 3.3s 的时刻
                                          //ros::Duration d1 = t2 - t1;
                                          //从 t1 到 t2 的时长，两个 Time 相减返
                                          //回 Duration 类型
ros::Duration d2 = d1 - ros::Duration(0, 300);
                                          //两个 Duration 相减，还是 Duration
```

以上是 Time、Duration 之间的加减运算，要注意没有 Time + Time 的运算。

通常在机器人任务执行中可能有需要等待的场景，这时就要用到 sleep 功能，roscpp 中提供两种 sleep 的方法。

方法一：

```
ros::Duration(0.5).sleep();               //用 Duration 对象的 sleep 方法休眠
```

方法二：

```
ros::Rate r(10);                          //10Hz
while( ros::ok( ) )
{
    r.sleep();                            //定义好 sleep 的频率，Rate 对象会自
                                          //动让整个循环以 10Hz 的频率休眠
                                          //即使有任务执行占用了时间
}
```

Rate 功能是指定一个频率，让某些动作按照这个频率来循环执行。与之类似的是，ROS 中定时器 Timer 是通过设定回调函数和触发时间来实现某些动作的反复执行，创建方法和话题信方式中的 Subscriber 很像，代码如下：

```
void callback1(const ros::TimerEvent&)
{
    ROS_INFO("Callback 1 triggered");
```

```
}

void callback2(const ros::TimerEvent&)
{
    ROS_INFO("Callback 2 triggered");
}

int main(int argc, char * *argv)
{
    ros::init(argc, argv, "talker");
    ros::NodeHandle n;
    ros::Timer timer1 = n.createTimer(ros::Duration(0.1),callback1);
                                    //Timer1 每 0.1s 触发一次 Callback1 函数
    ros::Timer timer2 = n.createTimer(ros::Duration(1.0),callback2);
                                    //Timer2 每 1.0s 触发一次 Callback2 函数
ros::spin();                        //千万别忘了 spin,只有 spin 才能真正去触发回调函数

    return 0;
}
```

5.2.5 异常抛出

roscpp 中有两种异常类型,当有以下两种错误时,就会抛出异常:

```
ros::InvalidNodeNameException        //当无效的基础名称传给了 ros::init( )
ros::InvalidNameException            //当无效名称传给了 roscpp
```

5.3 与 Python 语言的编程接口

5.3.1 rospy 与 roscpp 的比较

rospy 是 Python 版本的 ROS 客户端库,提供了 Python 编程需要的接口,可认为 rospy 就是一个 Python 的模块(module)。rospy 包含的功能与 roscpp 相似,都有关于节点(Node)、话题(Topic)、服务(service)、参数服务器(Param)、时钟(Time)相关的操作。但是 rospy 与 roscpp 直接也存在着一些区别,主要表现如下。

(1)rospy 没有节点句柄(NodeHandle),如创建消息发布节点(Publisher)、话题订阅节点(Subscriber)等操作都被直接封装成了 rospy 中的函数或类,调用起来要比 roscpp 的

方法更加简单、直观。

(2)rospy 一些接口的命名和 roscpp 不一致,需要引起用户的足够重视,避免混淆、调用错误。

相比于 C++ 的开发,用 Python 来写 ROS 应用程序的开发效率大大提高,诸如显示、类型转换等细节不再需要用户注意,可以节省时间成本。但 Python 的执行效率较低,同样一个功能用 Python 运行的耗时会高于 C++ 。因此,我们在开发 SLAM、路径规划、机器视觉等方面的算法时,往往优先选择 C++ 。ROS 中绝大多数基本指令,例如 rostopic、roslaunch,都是用 Python 开发的,简单、轻巧。

5.3.2　rospy 的结构

要介绍 rospy,就不得不提 Python 代码在 ROS 中的组织方式。通常来说,Python 代码有两种组织方式,一种是单独的一个 Python 脚本,适用于简单的程序;另一种是 Python 模块,适合体量较大的程序。

1. 单独的 Python 脚本

对于一些小体量的 ROS 程序,可以把全部程序的源代码都放在一个 Python 文件中,保存在对应功能包(Package)的 script 文件夹下:

```
your_package
|- script/
|- your_script.py
|- ...
```

2. Python 模块

当程序的功能比较复杂时,将全部程序的源代码都放在一个脚本文件里是不现实的,此时就需要把一些功能放到 Python 模块(Python Module)里,以便其他的脚本需要时来调用。ROS 建议按照以下规范来建立 Python 模块:

```
your_package
|- src/
|-your_package1
|-_init_-py
|- modulefiles.py
|- scripts1
|-your_script.py
|- setup.py
```

在 ~/catkin_ws/src 文件夹下建立一个与用户功能包(Package)同名的路径,用于存放初始化脚本文件(_init_. py)和一些模块文件,这样就建立好了 ROS 规范的 Python 模块,就可以在用户自己的脚本中进行调用了。如果不了解_init_. py 的作用,可以自行参考资料。ROS 中的这种 Python 模块组织规范与标准的 Python 模块组织规范并不完全一致,可以按照 Python 的规范去建立一个模块,然后在用户自己的脚本中调用。但是建议按照 ROS 推荐的规范来写,这样方便其他人阅读。

常用的 ROS 命令,大多数其实都是一个个的 Python 模块,源代码存放在 ros_comm 仓库的 tools 路径下。可以看到每一个命令行工具(如 rosbag、rosmsg)都是用模块的形式组织核心代码,然后在 script/下建立一个脚本来调用模块。

5.3.3 rospy API

1. 节点相关的常用方法

节点(Node)相关的常见用法,见表 5.2。

表 5.2 Node 相关的常见用法

方法	作用	返回值
rospy. init_node(name, argv = None, anonymous = False)	注册和初始化节点	
rospy. get_master( )	获取节点管理器的句柄	MasterProxy
rospy. is_shutdown( )	节点是否关闭	bool
rospy. on_shutdown(fn)	在节点关闭时调用 fn 函数	
get_node_uri( )	返回节点的 URI	str
get_name( )	返回本节点的全名	str
get_namespace( )	返回本节点的名称空间	str

2. 话题相关的常用方法

话题(Topic)相关的常见用法,见表 5.3。

表 5.3 Topic 相关的常见用法

方法	作用	返回值
get_published_topics( )	返回正在被发布的所有 topic 名称和类型	[[str, str]]
wait for_message(topic, topic_typetime_out = None)	等待某个 topic 的 message	message
spin( )	触发 topic 或 service 的回调/处理函数,会阻塞直到关闭节点	

3. 消息发布节点类的常用方法

消息发布节点(Publisher)类的常见用法,见表5.4。

表5.4　Publisher 类的常见用法

方法	作用	返回值
init(self,name, data_class,queue_size = None)	构造函数	
publish(self, msg)	发布消息	
unregister(self)	停止发布	str

4. 话题订阅节点类的常用方法

话题订阅节点(Subscriber)类的常见用法,见表5.5。

表5.5　Subscriber 类的常见用法

方法	作用	返回值
init_(self,name, data_class,call_back = None,queue_size = None)	构造函数	
unregister(self,msg)	停止订阅	

5. 服务相关的常用方法

服务(Service)相关的常见用法,见表5.6。

表5.6　Service 相关的常见用法

方法	作用	返回值
wait_for_service(service,timeout = None)	阻塞直到服务可用	

6. 服务器端类的常用方法

服务器端(Server)类的常见用法,见表5.7。

表5.7　Server 类的常见用法

方法	作用	返回值
init(self, name, service_class, handler)	构造函数,handler 为处理函数,service_class 为 srv 类型	
shutdown(self)	关闭服务的 Server	

7. 客户端类的常用方法

客户端(ServiceProxy,Client)类的常见用法,见表5.8。

表5.8 ServiceProxy 类的常见用法

方法	作用	返回值
init(self,name, service class)	构造函数,创建客户端(Client)	
call(self,args, * kwds)	发起请求	
call(self,args, * kwds)	发起请求	
close(self)	关闭服务的客户端(Client)	

8. 参数服务器相关的常用方法

参数服务器(Param)相关的常见用法,见表5.9。

表5.9 Param 相关的常见用法

方法	作用	返回值
get_param(paramname,default = _unspecified)	获取参数的值	XmIRpcLegalValue
get_param_names( )	获取参数的名称	[str]
set_param(param name, param value)	设置参数的值	
delete_param(param_name)	删除参数	
has_param(param_name)	参数是否存在于参数服务器上	bool
search_param( )	搜索参数	str

9. 时钟相关的常用方法

时钟相关的常见用法,见表5.10。

表5.10 时钟相关的常见用法

方法	作用	返回值
get_rostime( )	获取当前时刻的 Time 对象	Time
get_time( )	返回当前时间,单位为秒	float
sleep(duration)	执行挂起	

10. Time 类的常用方法

时刻类的常见用法,见表5.11。

表 5.11　Time 类的常见用法

方法	作用	返回值
init(self, secs =0,nsecs =0)	构造函数	
now( )	静态方法,返回当前时刻的 Time 对象	Time

11. Duration 类的常用方法

时长(Duration)类的常见用法,见表 5.12。

表 5.12　Duration 类的常见用法

方法	作用	返回值
init(self, secs =0, nsecs =0)	构造函数	

5.3.4　导入 Python 模块

与采用 C++ 编程类似,采用 Python 编写代码时,也需要导入必要的 Python 模块来创建 ROS 节点,第一个是 rospy 模块,它包含了所有重要的 ROS 功能;第二个是消息类型模块,如导入字符串消息类型模块,示例代码如下:

```
import rospy
from std_msgs.msg import String
```

5.3.5　参数服务器(Param)

相比 roscpp 中有两套对 param 操作的 API,rospy 中关于 param 的函数就显得简单多了,包括以下六种用法:rospy. get_param( )、rospy. set_param( )、rospy. has_param( )、rospy. delete_param( )、rospy. check_param( )和 rospy. get_paramnames。

基于 rospy 的 Param 示例代码如下:

```
#! /usr/bin/env python
# coding:utf-8
import rospy

def param demo( ):
    rospy.init_node("param_demo")
    rate = rospy.Rate(1)
    while( not rospy.is_shutdown() ):
        #get param
```

```
        parameter1 = rospy.get_param("/param1")
        parameter2 = rospy.get_param("/param2", default =222)
        rospy.loginfo('Get param1 =8d', parameter1)
        rospy.loginfo('Get param2 =d', parameter2)

        #delete param
        rospy.delete param('param2')

        #set param
        rospy.set param('/param2', 2)

        #check param
        ifparam3 = rospy.has_param('param3')
        if( ifparam3 ):
            rospy.loginfo('/param3 exists')
        else:
            rospy.loginfo('/param3 does not exist')

        #get param names
        params = rospy.get param_names( )
        rospy.loginfo('param list: % s', params)

        rate.sleep( )
if__name = = _'main_':
    param demo( )
```

5.3.6 时钟(Time)

rospy 中关于时钟的操作和 roscpp 是一致的,都有 Time、Duratio 和 Rate 三个类。Time 标识的是某个时刻(例如今天 22:00),而 Duration 表示的是时长(例如一周),但它们具有相同的结构:秒和纳秒。

rospy 中的 Time 和 Duration 的构造函数类似,都是_init_(self, secs =0, nsecs =0),指定秒和纳秒(1 ns = 10^{-10} s)。

```
time_now1 = rospy.get_rostime( )          #当前时刻的 Time 对象,返回 Time 对象
time_now2 = rospy.Time.now( )             #当前时刻的 Time 对象,返回 Time 对象
time_now3 = rospy.get_time( )             #得到当前时间,返回 float 类型数据,单位为秒
time_4 = rospy.Time(5)                    #创建 5s 的时刻
duration = rospy.Duration(3 * 60)         #创建 3min 时长
```

关于 Time、Duration 之间加法、减法和类型转换，rscpp 完全一致请参考 5.2.4 节，这里不再赘述。

关于 sleep 的用法，Rate 类中的 sleep 主要用来按照固定的频率保持一个循环，循环中一般都是发布消息、执行周期性任务的操作。这里的 sleep 会考虑上次 sleep 的时间，从而使整个循环严格按照指定的频率进行：

```
duration.sleep( )                       #挂起
rospy.sleep(duration)                   #挂起，这两种方式效果完全一致
loop_rate = Rate(5)                     #利用 Rate 来控制循环频率
while( rospy.is shutdown() ):
    loop_rate.sleep()                   #挂起，会考虑上次 loop_rate.sleep 的时间
```

rospy 里的定时器和 roscpp 中类似，只不过不是用句柄来创建，而是直接使用函数。

```
rospy.Timer(Duration, callback)
```

其中，第一个参数是时长，第二个参数是回调函数。

```
def my_callback(event):
    print 'Timer called at ' + str(event.current real)


rospy.Timer(rospy.Duration(2), my_callback)
                                        #每 2s 触发一次 Callback 函数
rospy.spin()                            #考虑上次 loop_rate.sleep 的时间
```

不要忘了 rospy. spin( )，只有 spin 才能触发回调函数。回调函数传入的值是 TimerEvent 类型，该类型包括以下几个属性：

```
rospy.TimerEvent
    last_expected
                                        #理想情况下为上一次回调应该发生的时间
    last_real `
                                        #上次回调实际发生的时间
    current_expected
                                        #本次回调应该发生的时间
    current_real
                                        #本次回调实际发生的时间
    last_duration
                                        #上次回调所用的时间(结束 - 开始)
```

5.4　本章小结

本章介绍了 ROS 客户端库的概念,熟悉了目前最常用的 roscpp 和 rospy 的客户端库以及它们的组成部分 topic、service、param 等,为以后机器人的编程打下了基础。另外,本章还分别介绍了 roscpp 和 rospy 中函数的定义、函数的用法,以及几种通信方式的具体格式和实现方法。roscpp 和 rospy 既有相似之处,又有不同之处,并且它们都有各自的优缺点,掌握这两种客户端库对于 ROS 编程会有极大帮助。

第6章　ROS的日志消息

ROS是一个完整的分布式系统，一个ROS应用程序由多个进程组成，所以在调试ROS程序时如何及时有效地获取各个进程的状态信息是一个重要问题。为此，ROS提供了日志机制来集中处理各个进程的信息。

6.1　日志消息概述

与大多数通用软件的日志系统相类似，ROS日志系统的核心思想就是使用一些简短的、用户可读的字符串（String）流来记录各个节点的运行状态信息和工作过程，这些字符串流就是日志消息，发布在rosout主题上。

6.1.1　日志消息的级别

ROS中，日志消息分为五个不同的严重性级别，按照严重性从低到高的顺序排列如下。

（1）DEBUG（调试）。用户在调试程序时需要用到的消息。因为DEBUG消息包含了很多的调试消息，可能会很频繁地出现，为了不被这些信息打扰，ROS默认是不显示DEBUG日志消息的。

（2）INFO（信息）。程序正常运行时输出的消息，不表示系统出现错误或者故障，但是对用户来说，可能是有用的消息，也是ROS默认显示的日志等级。

（3）WARN（警告）。提醒用户需要注意的消息，可能会影响系统的行为，但系统仍然可以正常工作。

（4）ERROR（错误）。表明系统的某些功能出现了异常，但是可以恢复。

（5）FATAL（致命错误）。FATAL消息很少出现，但是非常重要，表明系统中存在一些致命错误，已经无法继续运行，且无法恢复。

不同严重性级别的日志消息的典型示例，见表6.1。

表6.1　日志消息的级别

服务级别	示例消息
DEBUG（调试）	Reading header from buffer
INFO（信息）	Waiting for all connections to establish
WARN（警告）	Less than 5 GB of space free on disk

续表 6.1

服务级别	示例消息
ERROR(错误)	Publisher header did not have required element: type
FATAL(致命错误)	You must call ros:init( ) before creating the first NodeHandle

划分日志消息的严重性级别的目的是提供一种区分和管理日志消息的全局性方法。通过定义相应的严重性级别来过滤掉或者强调一些日志消息。然而,这些级别本身并不包含任何实质性的意义和动作,例如:生成一个 FATAL 消息并不会终止用户的程序,生成一个 DEBUG 消息也不会调试用户的程序。

6.1.2 rosout 主题与 rosout 节点

所有的日志消息都发布在 rosout 主题上,使用 ROS 的标准数据类型 rosgraph_msgs/Log,所有的节点都使用 rosgraph_msgs/Log 消息类型来发布日志消息。rospy 和 roscpp 均提供了相应的客户端库(应用程序接口)用于发布 rosgraph_msgs/Log 消息。

在终端窗口中输入如下命令,查看消息类型的具体内容,如图 6.1 所示:

```
$ rosmsg show rosgraph_msgs/Log
```

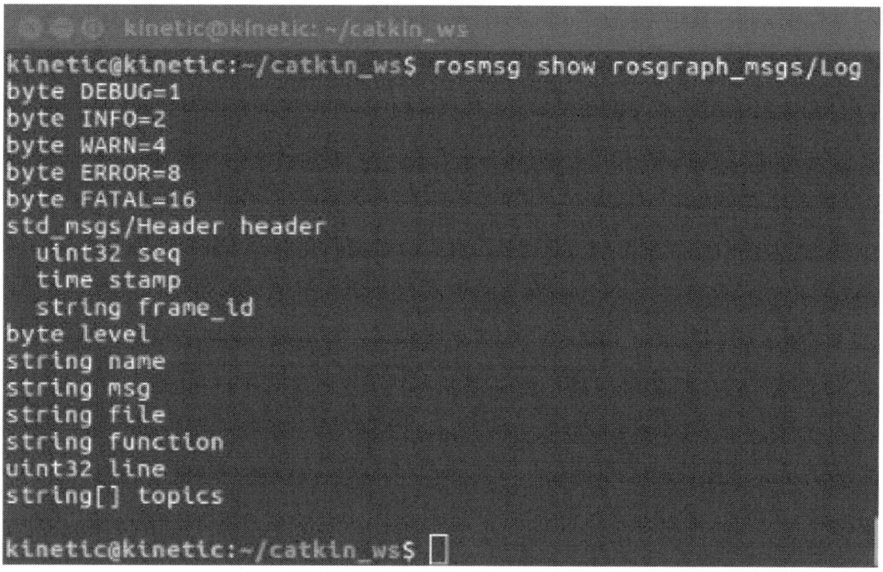
kinetic@kinetic: ~/catkin_ws
kinetic@kinetic:~/catkin_ws$ rosmsg show rosgraph_msgs/Log
byte DEBUG=1
byte INFO=2
byte WARN=4
byte ERROR=8
byte FATAL=16
std_msgs/Header header
uint32 seq
time stamp
string frame_id
byte level
string name
string msg
string file
string function
uint32 line
string[] topics
kinetic@kinetic:~/catkin_ws$

图 6.1 rosgraph_msgs/Log 消息类型

可以看出,rosgraph_msgs/Log 消息类型包括了日志消息的级别、消息本身和其他一些相关的元数据。所有的节点都使用 rosgraph_msgs/Log 来发布日志消息,网络上的所有节点都能接收到该日志消息。可以认为 rosout 主题是一个加强版的 print( )函数,它不只

是向终端输出字符串，还将字符串和一些元数据放到一个消息中，在网络上广播，供所有节点使用。实际上，一个编写良好的ROS节点并不会使用print( )函数，因为这样输出的字符串只能被运行这个程序的用户看到；ROS节点应该向rosout主题发布日志消息，以便被ROS系统中的所有用户看到。

另外，ROS提供了一个名为rosout的节点（注意：不要与rosout话题相混淆）。rosout节点的作用就是订阅rosout主题，通过与每一个日志发布节点建立连接来获取日志消息，然后把这些消息重新发布到rosout_agg的聚焦话题上，同样使用rosgraph_msgs/Log消息类型。这么做的目的是，对于需要获取日志消息的节点订阅rosout_agg话题，只需要与rosout一个节点建立连接即可；而不是订阅rosout话题，需要与所有日志发布节点都建立连接，这样会消耗很多的计算机资源。

rosout节点属于roscore的一部分，在ROS启动时会自动启动，即在其他所有节点启动之前，rosout节点已经在运行了。其他节点启动，并在节点管理器（Node Master）注册时，rosout节点便会自动订阅这些后启动节点的rosout话题，与这些节点建立连接，接收它们的日志消息。

6.2　生成日志消息

本节主要介绍使用roscpp中的日志函数，简要介绍rospy中的相关日志函数。

6.2.1　基本日志函数

roscpp使用rosconsole功能包提供日志系统的客户端API，所以在使用这些函数时需要包含ros/console.h头文件，该头文件包含在ros/ros.h头文件内。在输出日志消息时，rosconsole提供了C语言风格的格式输出函数（printf），也提供了C++语言风格的标准输入/输出数据流（stream）。

1. 基础日志函数

```
ROS_<level>(message)
ROS_<level>_STREAM(message)
```

其中，<level>对应DEBUG（调试）、INFO（信息）、WARN（警告）、ERROR（错误）和FATAL（致命错误）消息日志的五个级别；message为需要在日志文件中输出的消息。

例如：

```
ROS_INFO( " Hello % s","ROS" );            //printf 风格
ROS_INFO_STREAM("Hello" < < "ROS");        //stream 风格
```

这是一个基础版的日志函数，输出一条名为“ros.<your_package_name>”的日志消

息,your_package_name 为节点所在的功能包名。

创建功能包 ch6_Example1 和节点 Logging1,使用基础版日志函数,分别输出五个级别的日志消息,程序代码如图 6.2 所示,终端上的输出结果如图 6.3 所示。

```
Logging1.cpp (~/catkin_ws/src/ch6_Example1/src) - gedit
打开(O) ▾                                   保存(S)
1 #include <ros/ros.h>
2
3 int main(int argc, char ** argv)
4 {
5   ros::init(argc, argv, "Logging1");
6   ros::NodeHandle n;
7
8   ros::Rate rate(10);
9
10  for(int i=1; ros::ok(); i++)
11  {
12    ROS_DEBUG_STREAM("Counted to " << i);
13    if((i%3) == 0)
14    { ROS_INFO_STREAM(i << " is divisible by 3.");  }
15    if((i%5) == 0)
16    { ROS_WARN_STREAM(i << " is divisible by 5.");  }
17    if((i%10) == 0)
18    { ROS_ERROR_STREAM(i << " is divisible by 10.");  }
19    if((i%20)==0)
20    { ROS_FATAL_STREAM(i << " is divisible by 20.");  }
21
22    rate.sleep();
23  }
24
25  return 0;
26 }
正在保存...  C++ ▾  制表符宽度: 2 ▾    行 24, 列 1   ▾  插入
```

图 6.2　输出日志消息的 C++ 代码示例

```
kinetic@kinetic: ~/catkin_ws
kinetic@kinetic:~/catkin_ws$ rosrun ch6_Example1 Logging1
[ INFO] [1654443796.297231363]: 3 is divisible by 3.
[ WARN] [1654443796.496295811]: 5 is divisible by 5.
[ INFO] [1654443796.596647048]: 6 is divisible by 3.
[ INFO] [1654443796.897229746]: 9 is divisible by 3.
[ WARN] [1654443796.997842669]: 10 is divisible by 5.
[ERROR] [1654443796.997888289]: 10 is divisible by 10.

[ INFO] [1654443797.196350383]: 12 is divisible by 3.
[ INFO] [1654443797.497627278]: 15 is divisible by 3.
[ WARN] [1654443797.497669492]: 15 is divisible by 5.
[ INFO] [1654443797.798153039]: 18 is divisible by 3.
[ WARN] [1654443797.998929576]: 20 is divisible by 5.
[ERROR] [1654443797.998974771]: 20 is divisible by 10.
[FATAL] [1654443797.999086322]: 20 is divisible by 20.

[ INFO] [1654443798.095922876]: 21 is divisible by 3.
[ INFO] [1654443798.398421163]: 24 is divisible by 3.
[ WARN] [1654443798.498832325]: 25 is divisible by 5.
```

图 6.3　输出四个级别的日志消息

可以看出,在终端中以不同颜色的字符串输出了 INFO(信息)、WARN(警告)、ERROR(错误)和 FATAL(致命错误)四个严重性级别的日志消息。但是 DEBUG(调试)级别的日志信息被过滤掉了,这是因为在 ROS 中,DEBUG 信息是默认不显示的,如果想查看 DEBUG 信息,需要手动修改节点的日志等级,详见 6.4 节。

2. 命名(Named)日志函数

用户可以指定日志消息的名称,用于分类管理日志:

```
ROS_<level>_NAMED(name, message)
ROS_<level>_STREAM_NAMED(name, message)
```

例如:

```
ROS_DEBUG_NAMED("ch6", "Hello %s", "ROS");
ROS_DEBUG_STREAM_NAMED("ch6", "Hello " << "ROS");
```

输出一条名为"ros. < your_package_name >. ch6"的日志消息。日志消息的名称 name 需要使用确定的字符串,不要使用可变值的变量,这里使用确定的字符串"ch6"为第 6 章的意思。

3. 条件(Conditional)日志函数

也可以在满足一定条件时,才输出日志消息:

```
ROS_<level>_COND(cond, message)
ROS_<level>_STREAM_COND(cond, message)
```

例如:

```
ROS_DEBUG_COND(x < 0, "x=%d, this is bad!", x);
ROS_DEBUG_STREAM_COND(x < 0, "x=" << x << ", this is bad!");
```

当条件 cond 为真(这里为 x < 0)时,输出一条名为"ros. <your_package_name>"的日志消息;当条件 cond 为假时,不输出日志消息。

4. 条件命名(Conditional Named)日志函数

也可以将命名日志函数与条件日志函数相结合:

```
ROS_<level>_COND_NAMED(cond, name, message)
ROS_<level>_STREAM_COND_NAMED(cond, name, message)
```

例如:

```
ROS_DEBUG_COND_NAMED(x < 0, "named_logger", "x = %d", x);
ROS_DEBUG_STREAM_COND_NAMED(x < 0, "named_logger", "x = " << x);
```

当条件 cond 为真(这里为 x < 0)时,输出一条名为"ros. <your_package_name>. ch6"的日志消息;当条件 cond 为假时,不输出日志消息。

6.2.2 仅输出一次的日志函数

用户编程时,有时需要在循环中或在被频繁调用的子函数中生成日志消息,但有时这种频繁而重复的日志消息也是没有必要的。为此,ROS 提供了一种可以仅输出一次日志消息的日志函数(Once)。

```
ROS_<level>_ONCE(message)
```

ROS_<level>_STREAM_ONCE(message)

ROS_<level>_ONCE_NAMED(name, message)

ROS_<level>_STREAM_ONCE_NAMED(name, message)

当程序第一次运行到 Once 日志函数时,将产生与相应的无 Once 函数一样的日志消息。第一次运行之后,日志函数将不再发挥作用,程序代码如图 6.4 所示,终端上的输出结果如图 6.5 所示。

```
Logging2.cpp (~/catkin_ws/src/ch6_Example1/src) - gedit
打开(O) ▾                                                    保存(S)

 1 #include <ros/ros.h>
 2
 3 int main(int argc, char ** argv)
 4 {
 5   ros::init(argc, argv, "Logging2");
 6   ros::NodeHandle n;
 7
 8   for(int i=0; i<10; i++)
 9   {
10     ROS_INFO_STREAM("Counted to i = " << i);
11     ROS_INFO_STREAM_ONCE("This INFO message will only print once!");
12     ROS_WARN_STREAM_ONCE("This WARN message will only print once!");
13     ROS_ERROR_STREAM_ONCE("This ERROR message will only print once!");
14     ROS_FATAL_STREAM_ONCE("This FATAL message will only print once!");
15   }
16
17   return 0;
18 }

C++ ▾    制表符宽度: 2 ▾    行 8, 列 3    ▾    插入
```

图 6.4　仅输出一次的日志函数的示例代码

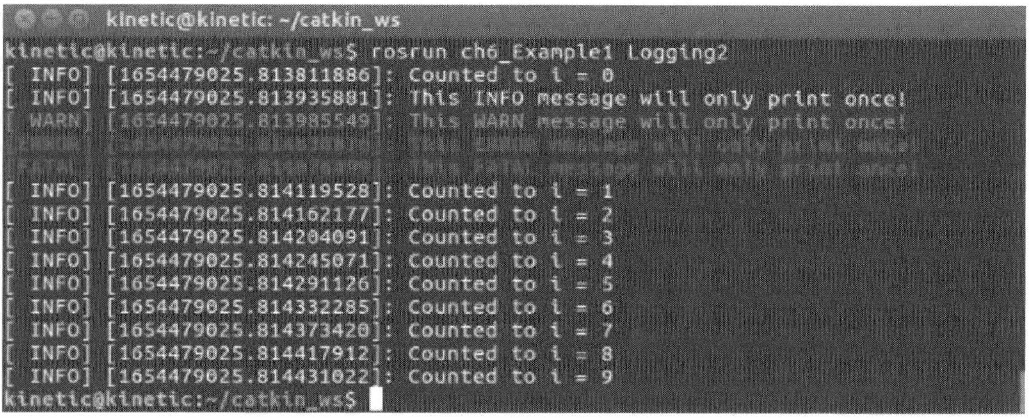

```
kinetic@kinetic: ~/catkin_ws
kinetic@kinetic:~/catkin_ws$ rosrun ch6_Example1 Logging2
[ INFO] [1654479025.813811886]: Counted to i = 0
[ INFO] [1654479025.813935881]: This INFO message will only print once!
[ WARN] [1654479025.813985549]: This WARN message will only print once!
[ERROR] [[illegible]]: This ERROR message will only print once!
[FATAL] [[illegible]]: This FATAL message will only print once!
[ INFO] [1654479025.814119528]: Counted to i = 1
[ INFO] [1654479025.814162177]: Counted to i = 2
[ INFO] [1654479025.814204091]: Counted to i = 3
[ INFO] [1654479025.814245071]: Counted to i = 4
[ INFO] [1654479025.814291126]: Counted to i = 5
[ INFO] [1654479025.814332285]: Counted to i = 6
[ INFO] [1654479025.814373420]: Counted to i = 7
[ INFO] [1654479025.814417912]: Counted to i = 8
[ INFO] [1654479025.814431022]: Counted to i = 9
kinetic@kinetic:~/catkin_ws$
```

图 6.5　仅输出一次的日志函数的运行结果

可以看出,在循环程序中,基本日志函数输出了多条日志消息,而仅输出一次日志消

息的日志函数(Once)值输出了一条日志消息,与预想的运行结果一致。

roscpp 接口中,关于日志消息的内容请参见 https://wiki.ros.org/roscpp/Overview/Logging。

6.2.3　rospy 客户端库中的日志函数

与 roscpp 相类似,roscpp 也可以在 rosout 主题上发布日志消息,同样使用 rosgraph_msgs/Log 消息类型,并提供了以下五个方法。

(1)rospy.logdebug(message, *args, **kwargs):输出 DEBUG(调试)日志消息。

(2)rospy.loginfo(message, *args, **kwargs):输出 INFO(正常运行时的)日志消息。

(3)rospy.logwarn(message, *args, **kwargs):输出 WARN(警告)日志消息。

(4)rospy.logerr(message, *args, **kwargs):输出 ERROR(错误)日志消息。

(5)rospy.logfatal(message, *args, **kwargs):输出 FATAL(致命错误)日志消息。

每一个 rospy.log*( )方法可以接受一个字符串信息(message),如果字符串需要格式化显示,可以分别传入字符串的参数,例如:

```
rospy.logerr("% s returned the invalid value % s", other_name, other_value)
```

6.3　查看日志消息

在6.2节中介绍了"如何生成日志消息",但是还没有说明这些消息将会传递到何处。实际上,roscpp 和 rospy 的日志函数运行后,日志消息有三个不同的目的地:输出一个格式化的字符串在终端窗口上(又称为控制台输出);输出更详细的信息到节点的日志文件中;在 rosout 话题上发布一条日志消息。

6.3.1　控制台输出

如6.2节的图6.3、图6.5所示,日志消息最简单、直接的查看方法是在终端屏幕上显示(又称为控制台输出),其中 DEBUG 和 INFO 消息被打印至标准输出(Standard Output),而 WARN、ERROR 和 FATAL 消息将被打印到标准错误(Standard Error),并以不同的颜色加以区分。

可以通过设置 ROSCONSOLE_FORMAT 环境变量来调整日志消息打印到控制台的格式。该环境变量通常包含一个或多个域名,每一个域名由一个美元符号 $ 和一对大括号{}来表示,用来指出日志消息数据应该在何处插入。默认的格式是:

```
[${severity}] [${time}]: ${message}
```

这个格式可能适合大部分的应用,但是还有一些其他的域也是很有用的。

(1)为了插入生成日志消息的源代码位置,可以使用 ${file}、${line}和 ${function}域的组合形式。

(2)为了插入生成日志消息的节点名称,可以使用 ${node}域。

6.3.2 写入日志文件

作为 rosout 节点回调函数的一部分,可以将日志消息作为一行信息写入到一个日志文件中,文件名类似于:

```
~/ros/log/run_id/rosout.log
```

其中,run_id 为运行标识码,是一个通用的唯一识别码(UUID),是在节点管理器(Node Master)开始运行时,基于当前计算机的 MAC 地址和当前的时间自动生成的。使用这个 run_id,可以区分来自不同 ROS 会话的日志文件。

由于 run_id 存放在参数服务器上,可以使用参数服务器的查询命令向节点管理器询问当前的 run_id。

在终端中输入如下命令,查询当面的运行标识码,如图 6.6 所示:

```
rosparam get /run_id
```

```
kinetic@kinetic: ~/catkin_ws
文件(F) 编辑(E) 查看(V) 搜索(S) 终端(T) 帮助(H)
kinetic@kinetic:~/catkin_ws$ rosparam get /run_id
4ff9eeac-e54c-11ec-86d4-000c29aae71b
kinetic@kinetic:~/catkin_ws$
```

图 6.6 查询运行标识码 run_id

输出的 rosout.log 日志文件是一个纯文本文件,可以使用 less、head、tail 等命令行工具,或者使用任何文本编辑工具来查看日志文件的内容。

6.3.3 在 rosout 话题上发布日志消息

每一个日志消息都被发布到 rosout 话题上。该话题的消息类型是 rosgraph_msgs/Log,其中包含了严重级别、消息本身和其他一些相关的元数据。

相比于控制台输出和写入日志文件,rosout 话题的主要作用是在一个数据流中包含了系统中所有节点的日志消息。所有这些日志消息都可以通过 rosout 话题查看,而与它们的节点在什么位置、什么时间、以何种方式启动的都无关,甚至与节点在网络中哪台计算机上运行都是无关的。

在终端窗口中输入如下命令,显示 rosout 话题的属性信息,如图 6.7 所示:

```
rostopic info rosout
```

```
kinetic@kinetic: ~/catkin_ws
文件(F) 编辑(E) 查看(V) 搜索(S) 终端(T) 帮助(H)
kinetic@kinetic:~/catkin_ws$ rostopic info rosout
Type: rosgraph_msgs/Log

Publishers: None

Subscribers:
 * /rosout (http://kinetic:45325/)


kinetic@kinetic:~/catkin_ws$
```

图 6.7　rosout 话题的属性信息

此时,ROS 系统中 rosout 话题的发布节点为空(Publishers: None),没有节点在 rosout 话题上发布消息;而 rosout 话题的订阅节点为 rosout 节点(Subscribers: * /rosout)。

在终端窗口中输入如下命令,运行图 6.2 所示的节点 Logging1,持续向系统发布五级的日志消息:

```
rosrun ch6_Example1 Logging1
```

另外再打开一个新的终端窗口,输入如下命令,显示 rosout 话题的内容,如图 6.8 所示:

```
rostopic echo rosout
```

```
kinetic@kinetic: ~
文件(F) 编辑(E) 查看(V) 搜索(S) 终端(T) 帮助(H)
kinetic@kinetic:~$ rostopic echo rosout
header:
  seq: 16
  stamp:
    secs: 1654500345
    nsecs: 722583129
  frame_id: ''
level: 2
name: "/Logging1"
msg: "27 is divisible by 3."
file: "/home/kinetic/catkin_ws/src/ch6_Example1/src/Logging1.cpp"
function: "main"
line: 14
topics: [/rosout]
---
header:
  seq: 17
  stamp:
    secs: 1654500347
    nsecs: 223259701
  frame_id: ''
level: 2
name: "/Logging1"
msg: "30 is divisible by 3."
file: "/home/kinetic/catkin_ws/src/ch6_Example1/src/Logging1.cpp"
function: "main"
line: 14
topics: [/rosout]
---
```

图 6.8　显示 rosout 话题的内容

6.3.4 日志消息的图形化显示工具

rqt_console 是一款可以收集所有正在运行的节点的日志消息,并显示在屏幕上的可视化图形工具,也是实时查看日志消息最方便的工具之一。

在终端中输入如下命令,启动 rqt_console,界面如图 6.9 所示:

```
$ rqt_console
```

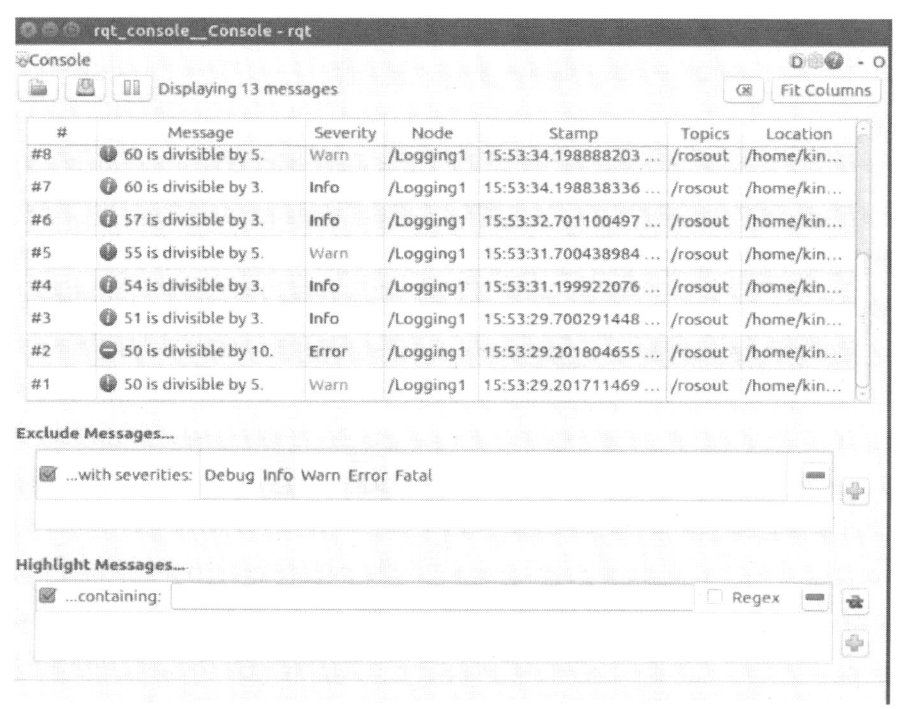

图 6.9 日志消息的图形化显示工具 rqt_console

rqt_console 只能接收在它启动之后发布的消息。在本例中,先启动 Logging1 日志发布节点,后启动 rqt_console 图形化显示工具,所以只接收到了"50 is divisible by 5."之后的日志消息。

在 ROS 程序的调试过程中,使用 rqt_console 的优势如下。

(1)可以暂停/恢复日志消息的显示,这在消息滚动很快的时候非常有用。

(2)能够清空积累的日志消息,这在重试失败的操作时候很有用。

(3)双击一条日志消息,可以在弹出的窗口中看到该消息的详细内容,如图 6.10 所示,这在检查日志消息的内容和复制内容时很有用。

(4)可以定义过滤器,只保留有用的日志消息,可以帮助用户将注意力集中在错误上;或者也可以定义一个过滤器来只显示来自某一个节点的消息。

(5)可以将需要的日志消息保存在文件中,便于之后离线分析。

(6)可以帮助用户监控应用程序的运行过程,及时发现程序运行过程中的错误,发现是哪里出现了问题,方便应用程序的调试。

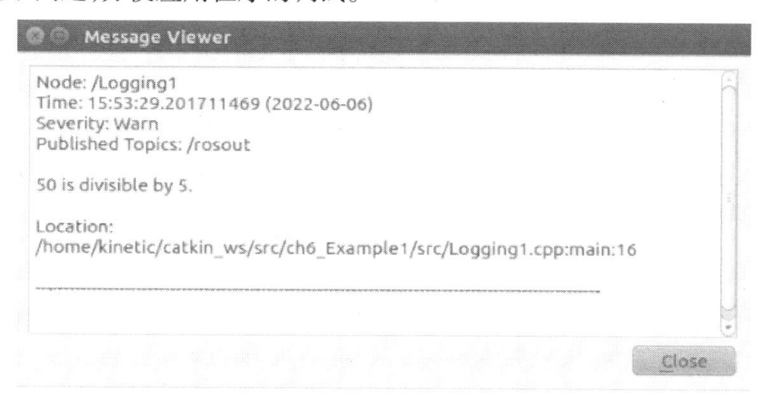

图 6.10　查看日志消息的详细内容

更多关于 rqt_console(日志消息的图形化显示工具)的内容和使用方法,请参见 https://wiki.ros.org/rqt_console。

6.3.5　检查和清除日志文件

随着时间的累积,日志文件会越来越多、越来越大。如果长时间在一个对存储空间有着严格限制的系统上运行 ROS(如嵌入式系统),就会出现问题。roscore 和 roslaunch 运行时都会检查和监测已经存在的日志的大小,并会在日志文件大小超过 1 GB 时向用户发出提醒,但是并不会采取任何的措施来减小日志文件大小。

在终端中输入如下命令,查看当前账户中 ROS 日志文件所占的硬盘空间:

```
rosclean check
```

如果日志正在占用过多的硬盘空间,可以通过如下命令删除所有已经存在的日志文件,如图 6.11 所示:

```
rosclean purge
```

```
kinetic@kinetic: ~/catkin_ws
kinetic@kinetic:~/catkin_ws$ rosclean check
744K ROS node logs
kinetic@kinetic:~/catkin_ws$ rosclean purge
Purging ROS node logs.
PLEASE BE CAREFUL TO VERIFY THE COMMAND BELOW!
Okay to perform:

rm -rf /home/kinetic/.ros/log
(y/n)?
y
kinetic@kinetic:~/catkin_ws$ rosclean check
kinetic@kinetic:~/catkin_ws$
```

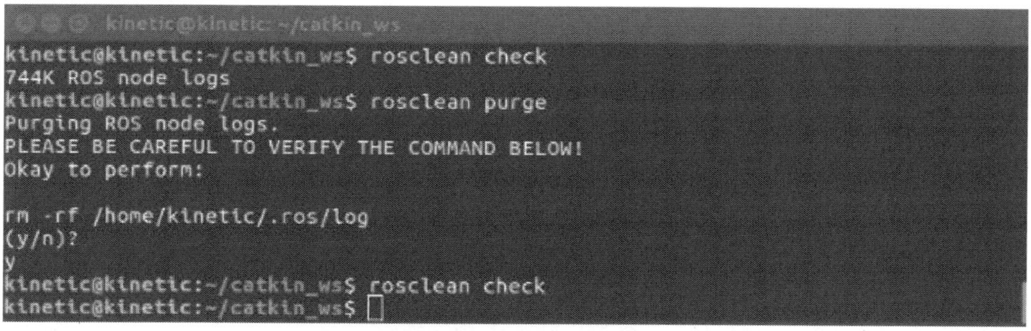

图 6.11　查看日志文件大小和清除日志文件

用户也可以根据需要,有选择性地手动删除某些日志文件。

6.4　启用和禁用日志消息

ROS 中默认只生成 INFO(信息)和严重性级别更高的日志消息,程序中生成的 DEBUG(调试)级别的消息将会被自动忽略掉,在终端窗口、日志文件和 rosout 话题上都不会显示,即使在程序代码中调用了 ROS_DEBUG( )函数。

每一个 ROS 节点都需要配置一个日志消息的严重性级别,默认为 INFO(信息)等级,设置节点的日志级别有以下几种方法。

1. 在程序代码中设置日志级别

对于使用 roscpp 客户端库的用户来说,需要通过 rosconsole 的 API 来修改 ROS 节点的日志级别。比如将如图 6.2 所示的程序代码另存为 Logging3. cpp 文件,增加设置日志级别的代码段,如图 6.12 所示,其中方框范围内的代码是需要新增的,编译并运行后的结果如图 6.13 所示。

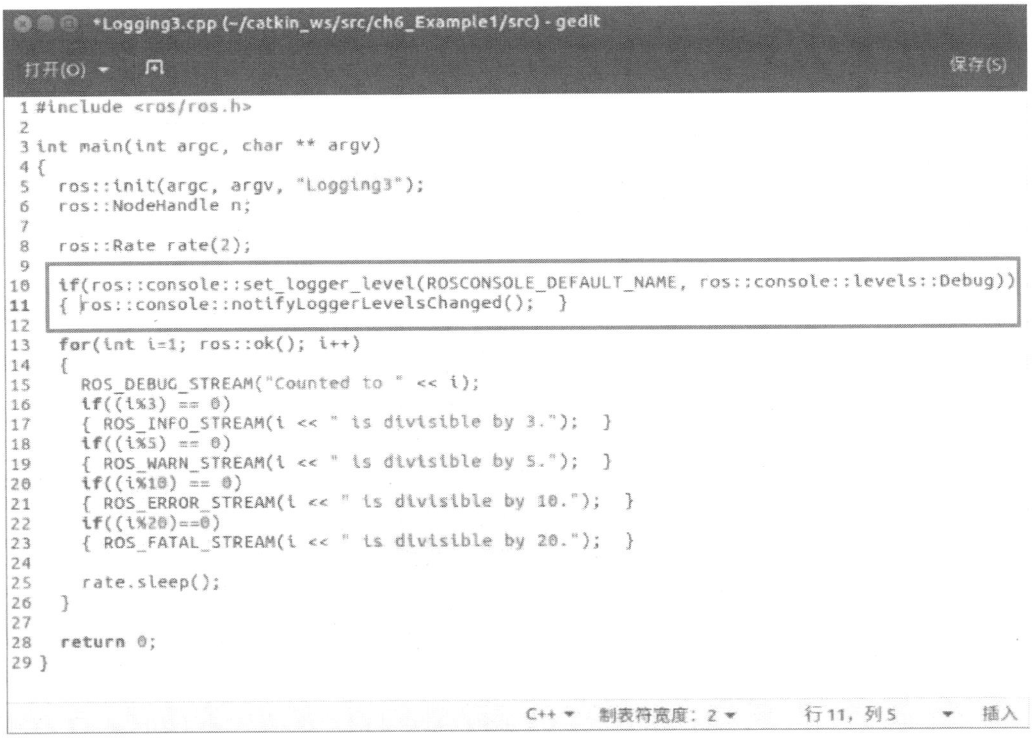

```
*Logging3.cpp (~/catkin_ws/src/ch6_Example1/src) - gedit
打开(O) ▾    保存(S)
1 #include <ros/ros.h>
2
3 int main(int argc, char ** argv)
4 {
5   ros::init(argc, argv, "Logging3");
6   ros::NodeHandle n;
7
8   ros::Rate rate(2);
9
10  if(ros::console::set_logger_level(ROSCONSOLE_DEFAULT_NAME, ros::console::levels::Debug))
11  { ros::console::notifyLoggerLevelsChanged();  }
12
13  for(int i=1; ros::ok(); i++)
14  {
15    ROS_DEBUG_STREAM("Counted to " << i);
16    if((i%3) == 0)
17    { ROS_INFO_STREAM(i << " is divisible by 3.");  }
18    if((i%5) == 0)
19    { ROS_WARN_STREAM(i << " is divisible by 5.");  }
20    if((i%10) == 0)
21    { ROS_ERROR_STREAM(i << " is divisible by 10.");  }
22    if((i%20)==0)
23    { ROS_FATAL_STREAM(i << " is divisible by 20.");  }
24
25    rate.sleep();
26  }
27
28  return 0;
29 }
C++ ▾   制表符宽度: 2 ▾   行 11, 列 5   ▾   插入
```

图 6.12　在程序代码中设置日志等级的示例代码

```
kinetic@kinetic: ~/catkin_ws
文件(F) 编辑(E) 查看(V) 搜索(S) 终端(T) 帮助(H)
kinetic@kinetic:~/catkin_ws$ rosrun ch6_Example1 Logging3
[DEBUG] [1654516167.053283196]: Counted to 1
[DEBUG] [1654516167.554819862]: Counted to 2
[DEBUG] [1654516168.054421194]: Counted to 3
[ INFO] [1654516168.054480119]: 3 is divisible by 3.
[DEBUG] [1654516168.555176023]: Counted to 4
[DEBUG] [1654516169.054362090]: Counted to 5
[ WARN] [1654516169.054429409]: 5 is divisible by 5.
[DEBUG] [1654516169.557197355]: Counted to 6
[ INFO] [1654516169.557261044]: 6 is divisible by 3.
[DEBUG] [1654516170.056783959]: Counted to 7
[DEBUG] [1654516170.553217551]: Counted to 8
[DEBUG] [1654516171.055799210]: Counted to 9
[ INFO] [1654516171.055847534]: 9 is divisible by 3.
[DEBUG] [1654516171.555691040]: Counted to 10
[ WARN] [1654516171.555762549]: 10 is divisible by 5.
[ERROR] [illegible]: 10 is divisible by 10.
[DEBUG] [1654516172.055535832]: Counted to 11
[DEBUG] [1654516172.554688512]: Counted to 12
[ INFO] [1654516172.554769601]: 12 is divisible by 3.
[DEBUG] [1654516173.054611985]: Counted to 13
[DEBUG] [1654516173.555498997]: Counted to 14
[DEBUG] [1654516174.056510748]: Counted to 15
[ INFO] [1654516174.056581343]: 15 is divisible by 3.
[ WARN] [1654516174.056599814]: 15 is divisible by 5.
[DEBUG] [1654516174.555863998]: Counted to 16
[DEBUG] [1654516175.055755741]: Counted to 17
[DEBUG] [1654516175.553664632]: Counted to 18
[ INFO] [1654516175.553736347]: 18 is divisible by 3.
[DEBUG] [1654516176.056900135]: Counted to 19
[DEBUG] [1654516176.555187475]: Counted to 20
[ WARN] [1654516176.555262858]: 20 is divisible by 5.
[ERROR] [illegible]: 20 is divisible by 10.
[FATAL] [illegible]: 20 is divisible by 20.
```

图 6.13　通过程序代码修改日志等级后的运行结果

可以看出，在代码中将 ROS 节点的日志等级设置为 DEBUG（调试）级别后，可以输出全部五个严重性级别的日志消息，即 DEBUG（调试）、INFO（信息）、WARN（警告）、ERROR（错误）和 FATAL（致命错误）五个级别。

对于使用 rospy 客户端库的用户来说，只需要在代码初始化 ROS 节点的时候，使用 log_level 关键字显式地设置日志等级即可，如：

```
rospy.init_node('Logging4', log_level - rospy.DEBUG)
```

同理，也可以把节点的日志等级提升到 WARN（警告）级别，则节点运行时，DEBUG（调试）和 INFO（信息）两个级别的日志消息将不显示，只显示 WARN（警告）、ERROR（错误）和 FATAL（致命错误）三个级别的日志消息。默认情况下，DEBUG（调试）级别的日志消息是不显示的，可以认识它相当于编译器或其他工具的 debug 模式。因此，在 ROS 编程时，可以加入较多的 debug 日志消息，提示尽可能多的信息，帮助用户完成应用程序的调试工作；而程序正常运行时，用户不需要调试信息，也不想被频繁输出的日志消息打扰，更不希望影响系统的运行性能，将日志等级设置为默认（INFO 信息级）或更高级别即可。因为对于调试信息,默认情况 ROS 是不做任何工作的,也就不会影响系统的性能。

2. 通过命令行设置日志级别

在终端中输入如下命令,设置一个节点的日志级别:

```
rosservice call /node-name/set_logger_level ros.package-name level
```

该条命令调用了 set_logger_level 服务,其中,node - name 为需要设置日志级别的节点名;ros. package - name 为包含这个节点的功能包的名称;level 为设置日志级别的字符串,即 DEBUG(调试)、INFO(信息)、WARN(警告)、ERROR(错误)或 FATAL(致命错误)五个级别中的一个。

在终端中输入如下命令,运行 6.2 节中创建的 ch6_Example1 功能包中的 Logging1 节点,该节点采用默认的日志等级,即 DEBUG(调试)级别的日志消息是被自动过滤的:

```
rosrun ch6_Example1 Logging1
```

另外再打开一个新的终端窗口,输入如下命令,修改 Logging1 节点的日志消息等级,启用 DEBUG 级别的消息:

```
rosservice call /Logging1 /set_logger_level ros.ch6_Example1 DEBUG
```

需要说明的是,这条命令是直接与 Logging1 节点进行交互的,因此需要在节点启动之后才能使用。结果如图 6.14 所示,在“Counted to 62”之前,不显示 DEBUG(调试)级别的日志消息;在 Logging1 节点运行过程中,调用了 set_logger_level 服务,修改节点日志等级为 DEBUG,从“Counted to 62”之后开始显示 DEBUG 级别的日志消息。

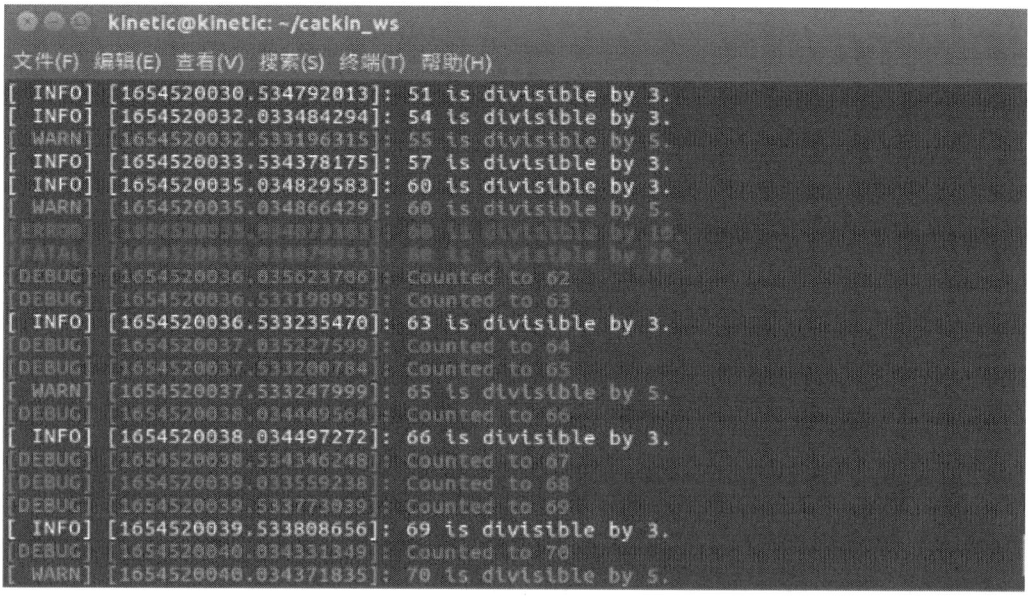

```
kinetic@kinetic: ~/catkin_ws
文件(F) 编辑(E) 查看(V) 搜索(S) 终端(T) 帮助(H)
[ INFO] [1654520030.534792013]: 51 is divisible by 3.
[ INFO] [1654520032.033484294]: 54 is divisible by 3.
[ WARN] [1654520032.533196315]: 55 is divisible by 5.
[ INFO] [1654520033.534378175]: 57 is divisible by 3.
[ INFO] [1654520035.034829583]: 60 is divisible by 3.
[ WARN] [1654520035.034866429]: 60 is divisible by 5.
[ERROR] [illegible]: 60 is divisible by 10.
[FATAL] [illegible]: 60 is divisible by 20.
[DEBUG] [1654520036.035623706]: Counted to 62
[DEBUG] [1654520036.533198955]: Counted to 63
[ INFO] [1654520036.533235470]: 63 is divisible by 3.
[DEBUG] [1654520037.035227599]: Counted to 64
[DEBUG] [1654520037.533200784]: Counted to 65
[ WARN] [1654520037.533247999]: 65 is divisible by 5.
[DEBUG] [1654520038.034449564]: Counted to 66
[ INFO] [1654520038.034497272]: 66 is divisible by 3.
[DEBUG] [1654520038.534346248]: Counted to 67
[DEBUG] [1654520039.033559238]: Counted to 68
[DEBUG] [1654520039.533773039]: Counted to 69
[ INFO] [1654520039.533808656]: 69 is divisible by 3.
[DEBUG] [1654520040.034331349]: Counted to 70
[ WARN] [1654520040.034371835]: 70 is divisible by 5.
```

图 6.14　调用 set_logger_level 服务修改日志等级后的运行结果

3. 通过图形界面工具设置日志级别

ROS 中提供了一款可以查看并设置所有节点的日志等级的图形化工具 rqt_logger_level,使用该工具,用户可以修改任意正在运行节点的日志等级。

在终端中输入如下命令,运行 6.2 节中创建的 ch6_Example1 功能包中的 Logging1 节点:

```
rosrun ch6_Example1 Logging1
```

另外再打开一个新的终端窗口,输入如下命令,启动 rqt_logger_level,如图 6.15 所示:

```
rqt_logger_level
```

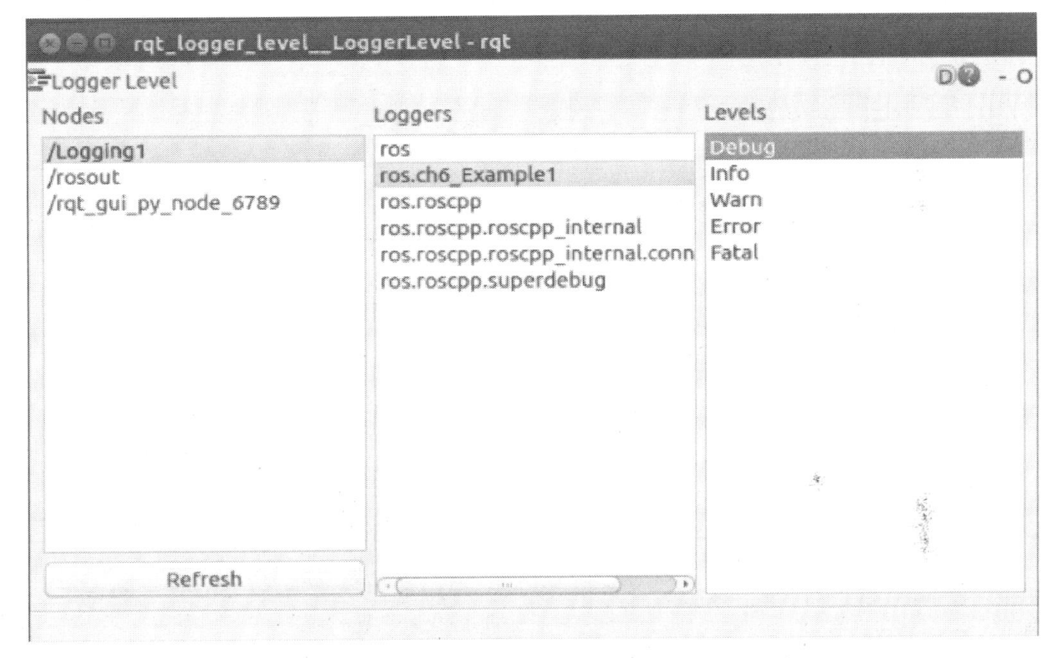

图 6.15 通过 rqt_logger_level 工具修改日志等级

通过 rqt_logger_level 工具修改日志等级的步骤如下。

(1)在 Nodes 列表框中选择一个需要修改日志等级的节点(Node)。

(2)在 Loggers 列表框中选择节点对应的功能包。

(3)在 Levels 列表框中选择新的日志等级。

设置新的日志等级后,在终端窗口就可以看到日志消息的变化了。新的日志等级会一直持续到该节点终止。当该节点再次启动时,其日志等级仍为默认值。

6.5 本章小结

本章介绍了如何在 ROS 程序中生成日志消息,以及如何通过不同的方式查看这些日志消息。日志消息对于跟踪和调试复杂 ROS 系统的行为是很有用的,特别是这些系统拥有大量不同节点时。

第7章　消息的录制与回放

ROS提供话题、服务、动作库和参数服务器四种通信方式，其中使用最多的是话题通信方式，即消息发布-话题订阅的通信模型。设计精良的ROS系统的一个重要特征就是系统中订阅节点不需要关心消息是由哪个节点发布的，不论什么时刻，只要有消息被发布，其订阅节点就应该正常工作，而不管是哪个或是哪些节点正在发布这些消息。

本章将介绍rosbag的工具。通过rosbag，可以将发布在一个或者多个话题上的消息录制到一个包文件中，然后可以回放这些消息，重现相似的运行过程。将这两种能力结合，便形成了测试机器人软件的有效方式：可以偶尔运行机器人，运行过程中录制关注的话题，然后多次回放与这些话题相关的消息，同时使用处理这些数据的软件进行实验。

7.1　录制包文件

包文件(bag files)是指用于存储带时间戳的ROS消息的特殊格式文件。rosbag命令行工具可以用来录制、查看和回放包文件。

本节将以turtlesim节点（"小海龟"程序）为例，介绍从正在运行的ROS系统中记录指定的话题数据，并将这些数据写入一个包文件(□.bag)中。

7.1.1　录制包文件

录制包文件的命令格式如下：

```
rosbag record -o <filename.bag> <topic_names>
```

其中，filename.bag为指定的包文件名；topic_names为指定记录的话题名；-o为命令行选项，将指定的话题数据记录到指定的包文件中。

如果在rosbag record命令行中不指定文件名，rosbag将基于当前的日期和时间自动生成一个包文件名。

另外，还有一些命令行选项，见表7.1。

表 7.1　录制包文件的命令行选项

命令行选项	含义
rosbag record －a	记录当前 ROS 系统中发布的所有话题的消息
rosbag record －j	录制包文件时,启用压缩功能(较小的压缩文件也意味着更长的读写时间,需要折中考虑)
rosbag record －o	指定包文件名和需要录制的话题名

对于像本书中的这种小规模的 ROS 系统,完全可以录制系统中的所有话题。但是对于许多真实的机器人系统,例如乐聚公司的 Roban(鲁班)机器人系统,通常会有几百个话题被发布,有些话题亦会发布大量数据(比如包含摄像头图像流的话题,其中的图像又经历了不同阶段的处理和不同级别的数据压缩),如果也要录制所有的话题,将迅速创建惊人的、巨大的包文件,是不切实际的。此时可以使用 －o 命令行选项,只将用户感兴趣的话题录制到包文件中,同时也需要在录制过程中注意包文件的大小。

录制完成后,需要在运行 rosbag record 命令的终端窗口中使用 <Ctrl ＋ C>组合键,停止录制程序的运行。

下面以 TurtleSim 节点(“小海龟”程序)绘制正方形的轨迹为例,介绍数据包录制的过程:

在终端中输入如下命令,启动 roscore:

```
$ roscore
```

打开第二个终端窗口,输入如下命令,启动 turtlesim 功能包中的 turtlesim_node 节点,打开 TurtleSim(小海龟)窗口:

```
$ rosrun turtlesim turtlesim_node
```

打开第三个终端窗口,输入如下命令,启动 draw_square(绘制正方形程序)节点:

```
$ rosrun turtlesim draw_square
```

draw_square 节点将重置仿真器,并发布速度指令,控制小海龟的运动轨迹,使其不断重复地“爬过”一个近似正方形的形状,并在屏幕上留下移动轨迹。draw_square 节点对应的终端窗口输出的日志信息如图 7.1 所示,显示了小海龟移动的目标位置和到达目标状态;小海龟的移动轨迹如图 7.2 所示。

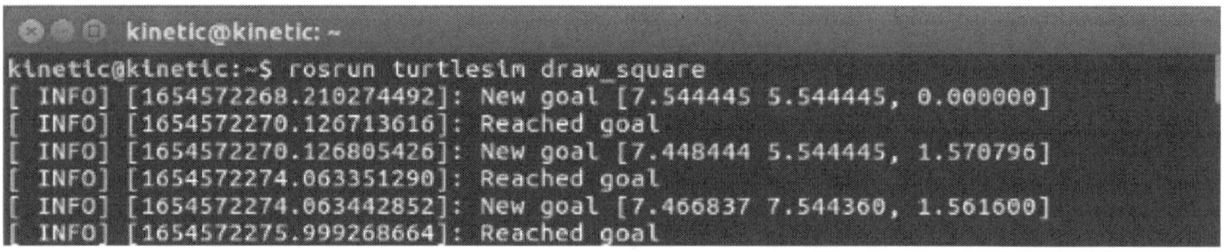

```
kinetic@kinetic: ~
kinetic@kinetic:~$ rosrun turtlesim draw_square
[ INFO] [1654572268.210274492]: New goal [7.544445 5.544445, 0.000000]
[ INFO] [1654572270.126713616]: Reached goal
[ INFO] [1654572270.126805426]: New goal [7.448444 5.544445, 1.570796]
[ INFO] [1654572274.063351290]: Reached goal
[ INFO] [1654572274.063442852]: New goal [7.466837 7.544360, 1.561600]
[ INFO] [1654572275.999268664]: Reached goal
```

图 7.1　draw_square 节点输出的日志信息

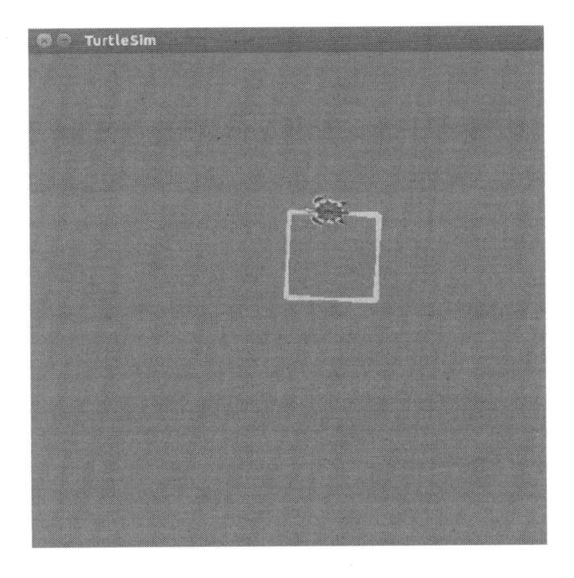

图 7.2　小海龟的移动轨迹

打开第四个终端窗口，输入如下命令，查看当前 ROS 系统中的所有正在运行的节点和所有正在发布消息的话题，如图 7.3 所示：

```
$ rosnode list
$ rostopic list
```

```
kinetic@kinetic: ~/catkin_ws
kinetic@kinetic:~/catkin_ws$ rosnode list
/draw_square
/rosout
/turtlesim
kinetic@kinetic:~/catkin_ws$ rostopic list
/rosout
/rosout_agg
/turtle1/cmd_vel
/turtle1/color_sensor
/turtle1/pose
kinetic@kinetic:~/catkin_ws$
```

图 7.3　查看系统中的节点列表和话题列表

当前系统中有“rosout（日志程序）”“turtlesim（‘小海龟’程序）”和“draw_square（绘制正方形程序）”三个节点；有“rosout（日志）”“rosout_agg（聚焦的日志）”“turtle1/cmd_vel（速度指令信息）”“turtle1/color_sensor（小海龟颜色信息）”“turtle1/pose（小海龟位置）”四个话题。正在发布的话题才能被录制在 bag 包文件中，也是唯一可能被记录在包文件中的消息类型。

打开第五个终端窗口，输入如下命令，切换到 Catkin 工作空间的根目录下，创建 bagfiles 文件夹，切换到 bagfiles 文件夹下。在小海龟正在绘制正方形的移动轨迹时，在命令窗口中输入 rosbag record 命令，开始录制包文件，如图 7.4 所示：

```
$ cd ~/catkin_ws
$ mkdir bagfiles
$ cd bagfiles
$ rosbag record -o square.bag /turtle1/cmd_vel /turtle1/pose
```

```
kinetic@kinetic: ~/catkin_ws/bagfiles
kinetic@kinetic:~/catkin_ws/bagfiles$ rosbag record -o square.bag /turtle1/cmd_vel /turtle1/pose
[ INFO] [1654581620.344654889]: Subscribing to /turtle1/cmd_vel
[ INFO] [1654581620.353116687]: Subscribing to /turtle1/pose
[ INFO] [1654581620.364149117]: Recording to square_2022-06-07-14-00-20.bag.
^Ckinetic@kinetic:~/catkin_ws/bagfiles$
```

图 7.4　录制包文件 rosbag record 命令行

可以看出,rosbag record 命令行订阅了 turtle1/cmd_vel 和 turtle1/pose 两个话题,并记录到 square_2022－06－07－14－00－20. bag 的包文件中,此文件保存在/catkin_ws/bagfiles 文件夹下。录制程序会一直运行,直到用户使用了＜Ctrl ＋ C＞组合键,中断程序的运行,并返回到命令提示符“ $ ”状态下。

在录制包文件的过程中,使用 rqt_graph 工具,查看 ROS 系统的计算图,如图 7.5 所示。当前 ROS 系统中有“turtlesim(‘小海龟’程序)”“draw_square(绘制正方形程序)”和“record_…(一串数字)(录制包文件程序)”三个节点(在 ROS 中,节点用椭圆形表示;rosout 日志节点默认不显示),其中是“record_…”节点是 rosbag record 命令创建的节点。而“record_…”节点订阅了 turtle1/cmd_vel 和 turtle1/pose 两个话题,与 turtlesim、draw_square 两个节点建立直接连接,说明 rosbag record 命令是通过订阅话题并处理接收到的消息来完成录制工作的,与其他节点一样,使用的是 2.2 节 ROS 通信系统架构中介绍的发布消息－订阅话题通信机制。

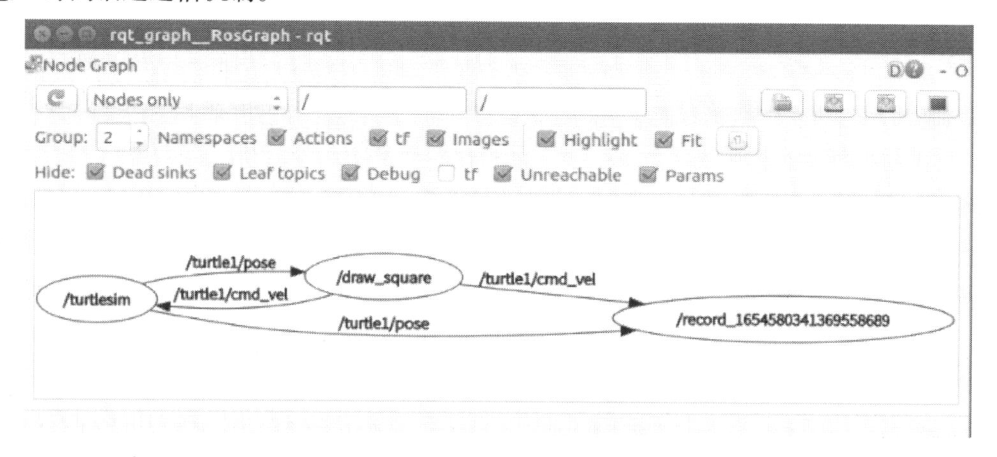

图 7.5　录制包文件时的计算图

需要说明的是,rosbag record 命令创建的“record_…(一串数字)”节点使用了“匿名名称”机制。为了简单起见,这里使用了…(省略号)代替数字后缀。匿名机制意味着,如

果需要的话,用户可以同时运行多个 rosbag record 实例来分别订阅不同的话题,并记录在各自的包文件之中。

7.1.2 查看包文件

查看包文件的命令格式如下:

```
rosbag info <filename.bag>
```

其中,filename. bag 为指定的包文件名。

在终端中输入如下命令,查看 7.1.1 节中录制的包文件的内容,如图 7.6 所示:

```
$ rosbag info square_2022-06-07-14-00-20.bag
```

```
kinetic@kinetic: ~/catkin_ws/bagfiles
kinetic@kinetic:~/catkin_ws/bagfiles$ rosbag info square_2022-06-07-14-00-20.bag
path:        square_2022-06-07-14-00-20.bag
version:     2.0
duration:    2:50s (170s)
start:       Jun 07 2022 14:00:20.56 (1654581620.56)
end:         Jun 07 2022 14:03:11.10 (1654581791.10)
size:        1.9 MB
messages:    21262
compression: none [3/3 chunks]
types:       geometry_msgs/Twist [9f195f881246fdfa2798d1d3eebca84a]
             turtlesim/Pose      [863b248d5016ca62ea2e895ae5265cf9]
topics:      /turtle1/cmd_vel   10602 msgs    : geometry_msgs/Twist
             /turtle1/pose      10660 msgs    : turtlesim/Pose
kinetic@kinetic:~/catkin_ws/bagfiles$
```

图 7.6 查看包文件的内容

可以看到,在 bag 包文件中包含了文件名、版本号、持续时间、开始时间、结束时间、包文件的大小、是否采用压缩格式、消息类型和话题列表,在话题列表中还记录了消息数等信息,以方便用户了解包文件的信息。

7.2 回放包文件

7.2.1 回放包文件

回放包文件的命令格式如下:

```
rosbag play <filename.bag>
```

其中,filename. bag 为指定的包文件名。

确认 roscore 和 turtlesim 节点仍在运行后,在终端中输入如下命令,回放 7.1.1 节中录制的包文件,如图 7.7 所示:

```
$ rosbag play square_2022-06-07-14-00-20.bag
```

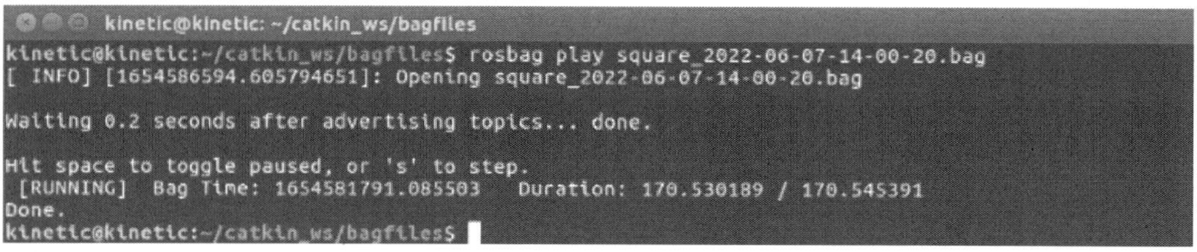

```
kinetic@kinetic: ~/catkin_ws/bagfiles
kinetic@kinetic:~/catkin_ws/bagfiles$ rosbag play square_2022-06-07-14-00-20.bag
[ INFO] [1654586594.605794651]: Opening square_2022-06-07-14-00-20.bag

Waiting 0.2 seconds after advertising topics... done.

Hit space to toggle paused, or 's' to step.
 [RUNNING]  Bag Time: 1654581791.085503   Duration: 170.530189 / 170.545391
Done.
kinetic@kinetic:~/catkin_ws/bagfiles$
```

图 7.7　rosbag play 命令的执行结果

存储在包文件中的消息将会被回放,且回放时会保持与其原始发布时同样的顺序和时间间隔,直到所有录制的消息都回放完毕。默认模式下,rosbag play 命令在公告每条消息后会等待一小段时间(如 0.2 s)才真正开始发布 bag 包文件中的内容。等待这一小段时间是为了可以通知订阅节点,消息已经公告且数据可能会马上到来。如果 rosbag play 在公告消息后立即发布,订阅节点可能会接收不到几条最先发布的消息。等待时间可以通过“ -d 选项”来指定。

运行 rosbag play 命令后,小海龟将恢复运动,如图 7.8 所示。根据回放的消息,小海龟将再次绘制一个正方形的轨迹。但小海龟前后两次绘制的轨迹是不重合的,将在 7.2.2节中专门讨论这个问题。

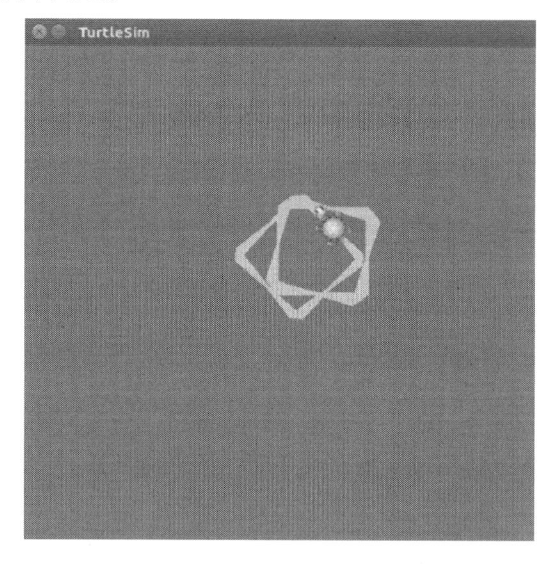

图 7.8　回放包文件时小海龟的移动轨迹

刷新 rqt_graph 工具,查看 ROS 系统的计算图,如图 7.9 所示。当前 ROS 系统有“turtlesim(‘小海龟’程序)” 和“play_…(回放包文件程序)”两个节点,其中是“play _…”节点是 rosbag play 命令创建的节点,它正代替之前的“draw_square”节点在 turtle1/cmd_vel 话题上发布消息,即在 7.1.1 节中录制的消息。

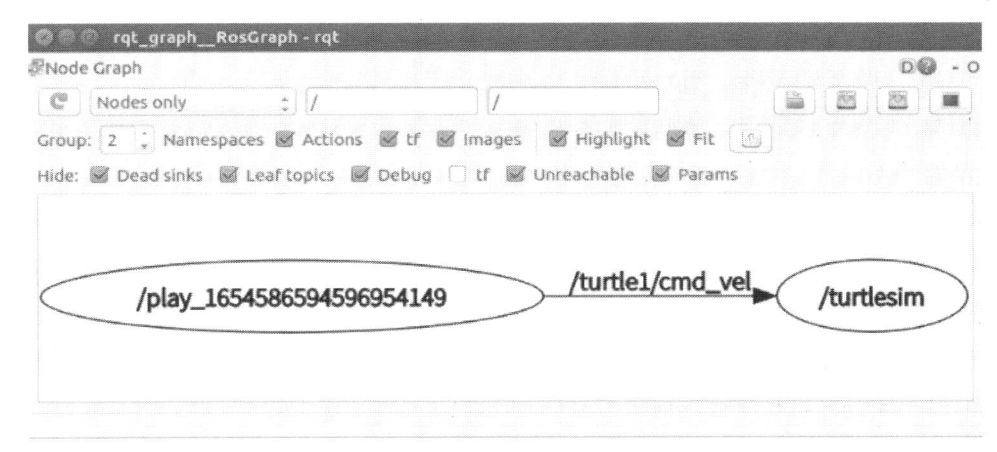

图 7.9　回放包文件时的计算图

7.2.2　rosbag 录制和回放的局限性

将图 7.2 和图 7.8 重画在图 7.10 中，其中，图 7.10(a)为“小海龟”程序对 draw_square 运动命令做出的反应，这些运动命令同时也录制在 rosbag 包文件中；图 7.10(b)是回放 rosbag 包文件，以相同的信息序列发布消息，“小海龟”程序接收到消息后所做出的反应。对比后发现，小海龟前后两次移动轨迹是不同的，绘制的正方形也是不重合的。这是因为 rosbag 中录制的只是消息序列的副本，并没有复制初始条件。在 rosbag play 命令运行期间，小海龟绘制的第二批正方形的起点是执行 rosbag play 命令时小海龟所在的位置。

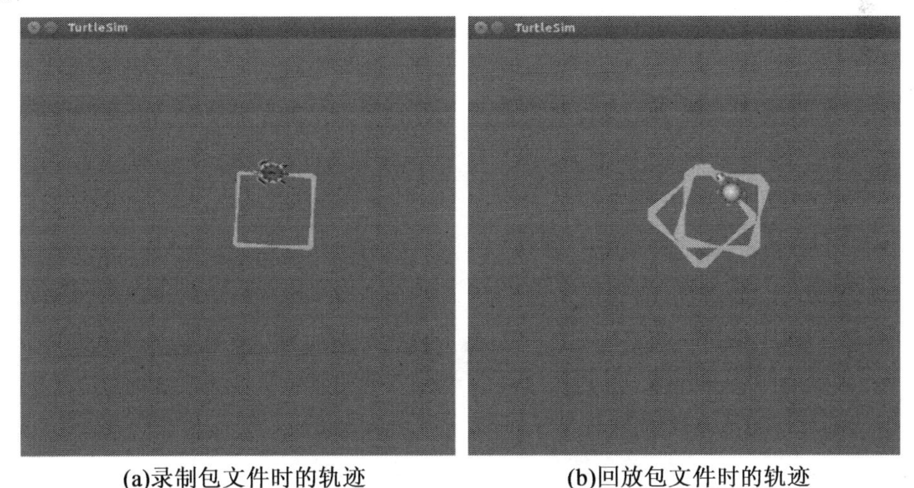

(a)录制包文件时的轨迹　　(b)回放包文件时的轨迹

图 7.10　回放包文件时小海龟的移动轨迹

另外，小海龟的移动路径对系统定时精度的变化非常敏感。rosbag 受制于其本身的性能无法完全复制录制时的系统运行行为，rosplay 也是一样的。对于像“小海龟”程序这样的节点,当处理消息的过程中系统定时发生极小变化时也会使其行为发生微妙变化,用户不应该期望能够完美地模仿系统行为。

7.3 启动文件里的包文件

除了在7.1节和7.2节看到的rosbag命令外,ROS的rosbag功能包里还提供了名为record和play的可执行文件。与rosbag record和rosbag play命令相比,这两个可执行文件具有相同的功能,并且接收相同的命令行参数。通过这两个可执行文件,可以很容易地将bag包文件作为启动文件的一部分,方法就是包含适当的节点元素。

由7.1节和7.2节的介绍可知,运行rosbag record命令后将创建record_…节点;运行rosbag play命令后将创建play_…节点,这两个节点的节点元素如下。

(1)record_…节点的节点元素:

```
<node
 pkg = "rosbag"
 name = "record"
 type = "record"
 args = " -o filename.bag topic -names"
/>
```

(2)play_…节点的节点元素:

```
<node
 pkg = "rosbag"
 name = "play"
 type = "play"
 args = "filename.bag"
/>
```

除了需要给命令行传递必要的参数外,这两个节点不需要roslaunch做特殊处理。

7.4 本章小结

本章主要介绍了rosbag包文件和录制、回放包文件的方法。通过bag包文件,用户可以将发布在一个或者多个话题上的消息录制到一个包文件中,然后可以回放这些消息,重现相似的运行过程。这是一种测试机器人软件系统非常有效、高效的方式,可以偶尔运行机器人,在运行过程中录制需要关注的话题,然后再多次回放与这些话题相关的消息,同时使用处理这些数据的软件进行实验。

第三部分　基于 Roban 机器人的项目实战

第 8 章　Roban 机器人介绍

Roban 机器人是一款基于 ROS(机器人操作系统)的中型仿人形机器人,具有开源性、可拓展性的人工智能(AI)展示平台。机器人本体搭载了深度摄像头,嵌入 V-SLAM 视觉算法,可以通过 SLAM 室内导航技术进行建图,实现自主路径规划和步态规划,完成曲线行走、坡面运动和上下楼梯等任务。

本章将首先介绍 Roban 机器人的系统组成和运动模型,然后介绍一些 Roban 机器人的基本操作与开发方法。

8.1　Roban 机器人简介

Roban 机器人的控制系统本质上就是一台安装有 Linux 操作系统的计算机,在计算机上安装有仿人形机器人专用的软件系统,并配合机器人本体上的其他软、硬件系统,可以达到机器人的控制目标。

8.1.1　Roban 机器人系统

Roban 机器人身高 684 mm,肩高 589 mm,体宽 332 mm,胸背厚度 165 mm,体重约 6.5 kg,外形尺寸如图 8.1 所示。

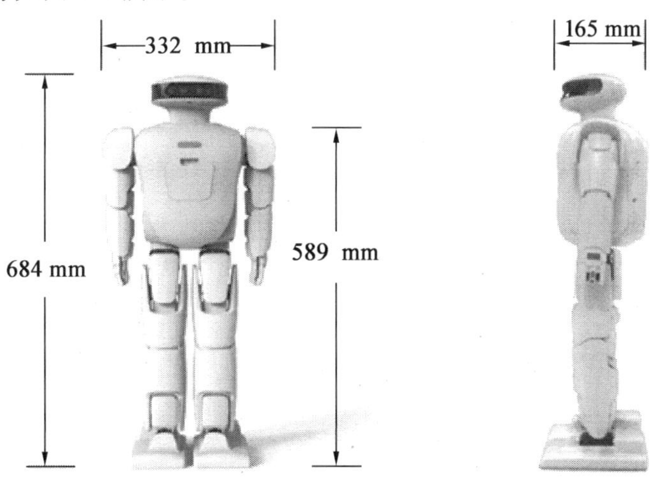

图 8.1　Roban 机器人的外形尺寸

主要硬件包括 CPU、主板、扬声器、麦克风阵列、深度相机、ToF 测距传感器、电机、语音合成器、陀螺仪等。

1. 通用硬件系统

(1)处理器(CPU)。主处理器采用8代Intel i3 - 8109U处理器,主频3.0 ~ 3.6 GHz、4 MB高速缓存、双核四线程。采用Cortex M4处理器作为协处理器,用于传感器数据的收集以及运动数据转发。

(2)存储器。内存8 GB,固态硬盘120 GB。

(3)网络连接。以太网IRJ45接口、Intel i219 - V 10/100/1 000 M/s。支持无线网络连接、Wireless - AC 9560、IEEE 802. 11ac 2x2。蓝牙支持V5版本。

(4)外部接口。两个USB 3.0端口、一个标准HDMI 2.0 A接口、一个雷电3接口。

(5)电源锂电池。动力锂电池最高电压为12.6 V,电池容量为4 000 mAch,2 A电流充电约需2 h。

(6)视觉与声音系统。机器人视觉的硬件基础是相机(摄像头),Roban机器人搭载了两个摄像头,可以用于拍摄图像、录制视频以及V - SLAM导航,也可以通过调用相关接口使机器人具有一定的认知功能。

①相机。Roban机器人提供了两个摄像头和一个是位于头部的Realsense D435 RGBD深度摄像头,除了可以得到通常的RGB图像之外,还可获取到分辨率为1 280×720像素的深度信息,也可以提供最高30帧/秒的RGB图像以及90帧/秒的深度图像,这是机器人进行V - SLAM导航的基础;另一个是位于头部下放的RGB摄像头,可以观察机器人下方的情况,为机器人步行避障以及上下台阶提供了方便。

②声音系统。Roban机器人可以"听到"声音,并且可以辨别声音方向,还可以"说"出悦耳的声音,"听"和"说"的硬件是传声器(俗称麦克风)和扬声器。机器人后背安装了2个2 W的扬声器用于机器人音频的输出。机器人头部安装有6个麦克风阵列,通过6个麦克风可以计算音源的方位角,对于唤醒方向的声音实现定向收音,从而可以实现其与人的互动。

Roban机器人搭载的传感器系统与外部接口,如图8.2所示。

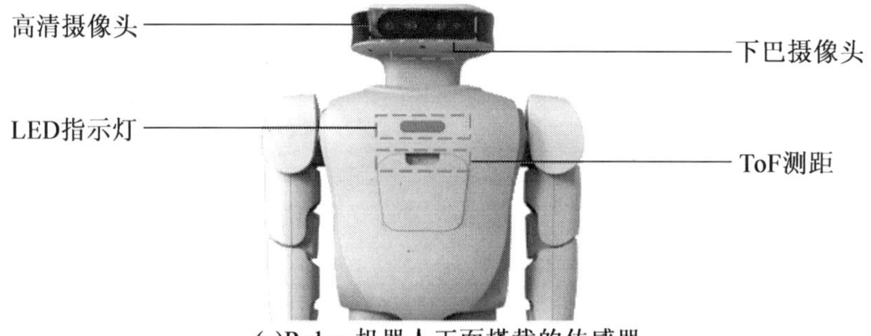

(a)Roban机器人正面搭载的传感器

图8.2 Roban机器人搭载的传感器系统与外部接口

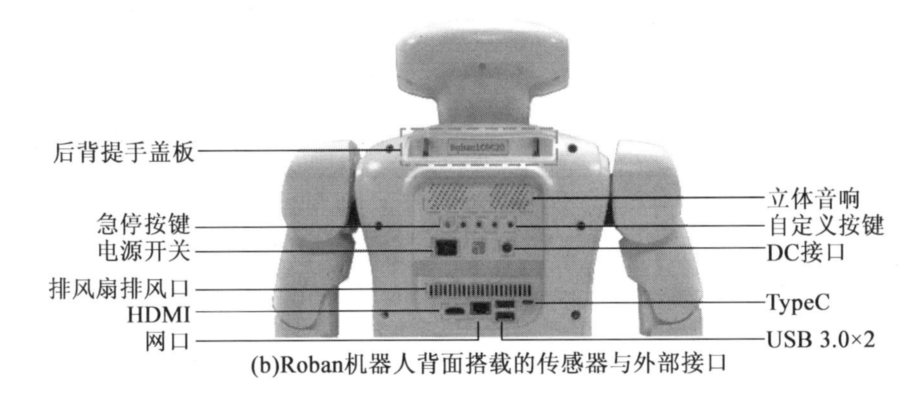

(b)Roban机器人背面搭载的传感器与外部接口

续图 8.2

2. 软件系统

Roban 机器人操作系统为 Linux 的一个十分常见的发行版 Ubuntu 16.04 LTS(乌班图 16.04 长期支持版),在这个操作系统的基础上构建了基于 ROS 的基础包框架,其支持 Linux、Window 或 Mac OS 等操作系统的远程控制,既可以直接通过 ssh 对该系统的应用程序进行修改,也可以通过 ROS 的消息机制对机器人进行控制。由于机器人本身搭载了一个计算机,开发者也可以使用外置的鼠标、键盘以及显示器直接连接机器人进行编程,还可以直观地观察机器人运行时的各种数据。

为了更加方便地对机器人的硬件进行操作,Roban 机器人在 ROS 的基础上构建了多层结构用于对机器人进行操作,这些包都采用 ROS 的消息机制以及 Service 机制进行了连接,从而可以方便地使用各种 ROS 支持的语言对机器人进行良好的操控。Roban 的软件架构如图 8.3 所示,分为底层(驱动层)、中间层以及应用层,开发的过程主要是通过对应用层进行修改和开发,从而使得机器人可以按设计逻辑运行。

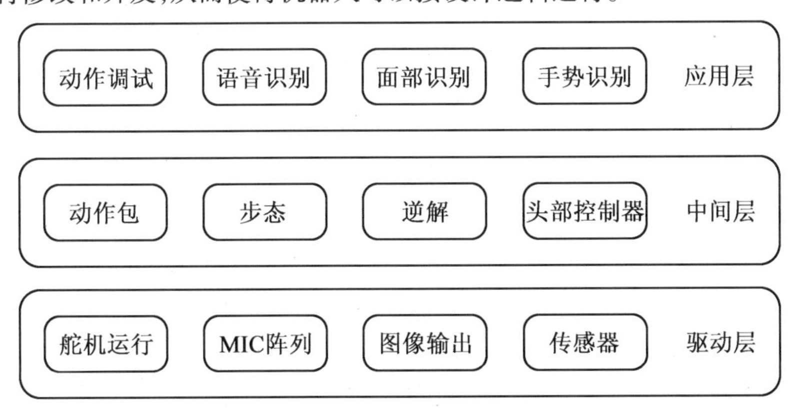

图 8.3 Roban 机器人的软件架构

3. Roban 机器人特有的硬件

(1)深度摄像头。Roban 机器人的头部安装有一个 D435 深度摄像头,除了可以提供 RGB 的图像数据之外,还可以提供深度数据。摄像头会投射出红外结构光,摄像头有两个红外相机,可以获取到红外数据,从而得到深度信息。而在室外的环境中,由于结构光投射距离有限,深度摄像头会直接采用外部的纹理信息,利用双目摄像头的原理对深度进行计算,有了深度摄像头之后,可以使得机器人更好地获取前方的障碍物信息,也可以用于 VSLM 导航相关的应用,最近测量距离约 0.1 m,最远可测量 10 m。深度相机结构图如图 8.4 所示。

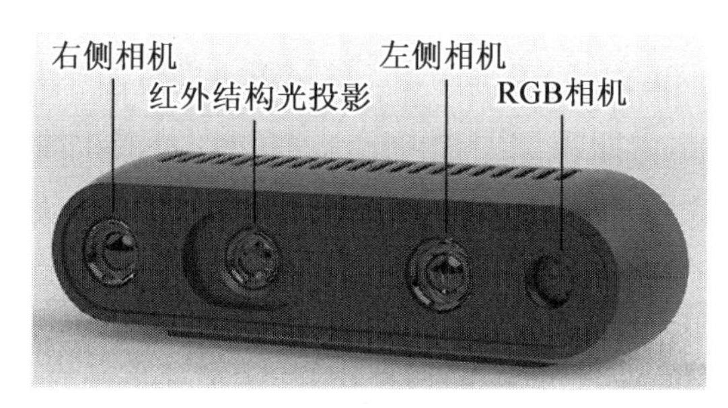

图 8.4　D435 RGB - D 深度相机结构图

(2)ToF 测距传感器。Roban 机器人的胸前额外安装有一个基于飞行时间原理的测距传感器,是为了精确测量与障碍物之间的距离,可以测量 2 m 内的准确距离,采用的是垂直腔面发射激光器基础。通过发射 940 nm 的红外激光,并且通过测量从发射激光到收到反射激光的时间来判断检测距离内是否有障碍物,如果一段时间内没有收到反射的激光,则认为有效距离内没有障碍物。

(3)惯性传感器。惯性传感器用于测量 Roban 机器人的身体状态及加速度,包括陀螺仪和加速度计,通过这两个传感器的数据融合可以实现对机器人姿态的估计。

(4)关节位置编码器。关节位置编码器用于测量机器人自身关节的位置,且在各个关节内可用于各关节位置的反馈,使用这些位置传感器,机器人在步行的过程中可以更好地计算机器人本体的位姿。

(5)压力感应器。机器人每只脚上有 4 个压力传感器(Force Sensitive Resistors, FSR),用于确定每只脚压力中心(重心)的位置。在行走过程中,Roban 机器人会根据重心位置进行步态调整以保持身体平衡,同时也可以用于判断机器人的脚是否着地,为步态算法的研究提供了方便。

(6)发光二极管。Roban 机器人的前胸有一排发光二极管,可编程使其显示不同的状态,用于机器人状态显示。

(7)可编程按键。Roban 机器人的后背具有轻触按键,可编程将其作为状态输入,用于机器人状态的切换。

(8)机器人关节。控制机器人的关节可以使机器人完成各种动作,Roban 机器人有 22 个独立的直流伺服关节,根据具体位置不同使用了三种不同的电机及减速比,电机的转动通过齿轮的减速之后可驱动机器人的关节完成各种关节运动,从而使机器人具有强大的运动能力。

8.1.2 Roban 机器人关节运动模型

1. Roban 机器人坐标系

机器人做各种动作时需要驱动机器人各关节的电机动作。为描述机器人各种动作的实现过程,使用如图 8.5 所示的笛卡儿坐标系。其中,x 轴指向机器人身体前方,y 轴为机器人由右向左方向,z 轴为垂直向上方向。

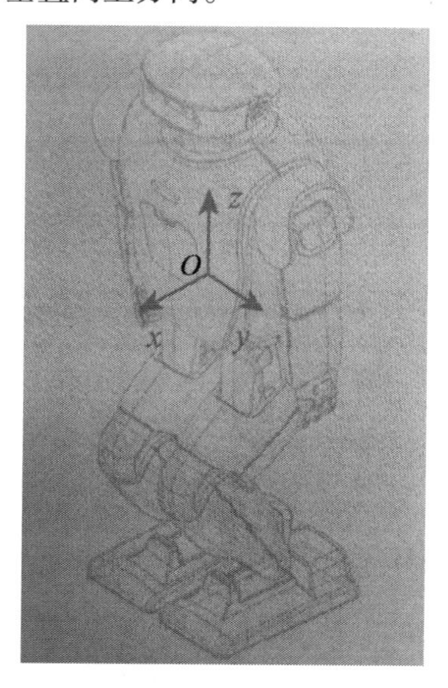

图 8.5 Roban 机器人的坐标系定义

2. 关节运动分类

对于连接机器人两个身体部件的关节来说,驱动电机实现关节运动时,固定在躯干上的部件是固定的,远离躯干的部件将围绕关节轴旋转。沿 z 轴方向的旋转称为偏转(yaw),沿 y 轴方向的旋转称为俯仰(pitch),沿 x 轴方向的旋转称为横滚(roll)。沿关节轴逆时针转动角度为正,顺时针转动角度为负。

3. 关节命名规则

关节按照先脚后手的 ID 顺序进行命名,为了实现一些动作,可能需要不同关节相互配合,其中 Roban 机器人的各关节的 ID 数值如图 8.6 所示。

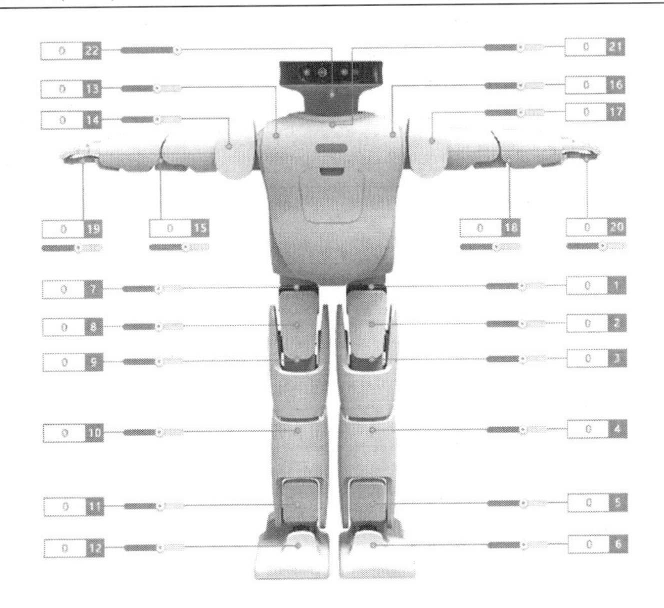

图 8.6　Roban 机器人的关节 ID 分布

4. 关节运动范围

机器人的每个关节都有一定的运动范围,例如图 8.7 就表示机器人头部俯仰方向上的运动范围:其低头方向上的运动范围为 35°,抬头方向上的运动范围为 24°。

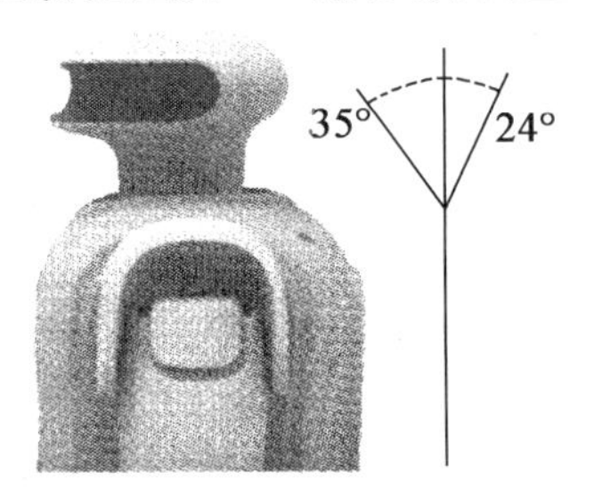

图 8.7　Roban 机器人头部俯仰的运动范围

在运动模型中,规定逆时针转动为正,顺时针方向为负,图 8.6 中所示的 21 号关节的运动范围是[-0.418,0.610 8]。特别需要注意的是,头部的两个关节运行动范围会出现耦合现象,即在头部左右转动时,俯仰方向的转动会受到影响,各关节具体运动范围可查阅本书后续章节或机器人参考手册。

5. Roban 机器人的自由度

机器人可以独立运动的关节称为机器人的运动自由度,简称为自由度(Degree of Freedom,DOF)。Roban 机器人的头部有两个关节,可以进行偏转和俯仰运动,因此头部的自由度为 2。Roban 机器人除了具有运动自由度之外,每只手还可以张开或闭合,各具有一个自由度,因此 Roban 机器人共具有 22 个自由度。

8.1.3　Roban 机器人控制框架

基于 ROS,Roban 机器人构建了底层和中间层的用于操作机器人的 API,通过这些 API 可以方便地对机器人运动、语音、视频等方面进行操作,满足机器人的使用需求。在应用层的开发中可以使用任意一种 ROS 所支持的语言对应用层程序进行开发,都可以达到正确地控制机器人行为的目的。通过对于这些相关 API 的调用,可以在不了解执行器具体原理的情况下方便开发者开发出机器人的应用程序。

尽管 Roban 的各个不同模块相互之间差异很大,但在使用的过程中使用 ROS 的 MSG 和 Service 机制,采用标准的 ROS 消息机制来表示信息,而且各个模块的权限管理机制也是相似的,这种方式使得在调用不同的 API 时具有相似的编程模式,降低了 Roban 机器人程序设计的复杂性。

在机器人上的开发可以使用 C++ 、Python 或者其他 ROS 支持的编程语言,但是不管使用哪种编程语言,实际的编程方法都是相似的。为了便于使用者调试,建议用户在开发应用的过程中使用 Python 语言进行行为层的控制,而对时间和效率敏感的控制代码用 C++ 实现,以提高运行效率。

8.2　设置 Roban 机器人

本节将介绍一些 Roban 机器人的基本操作,包括设置无线网络、远程登录 Roban 机器人,以及 Roban 机器人开发相关的基础知识。

8.2.1　启动、急停与关机

启动 Roban 机器人的步骤如下。

(1)打开 Roban 机器人背部的提手盖板,绑上提手带,如图 8.8 所示。

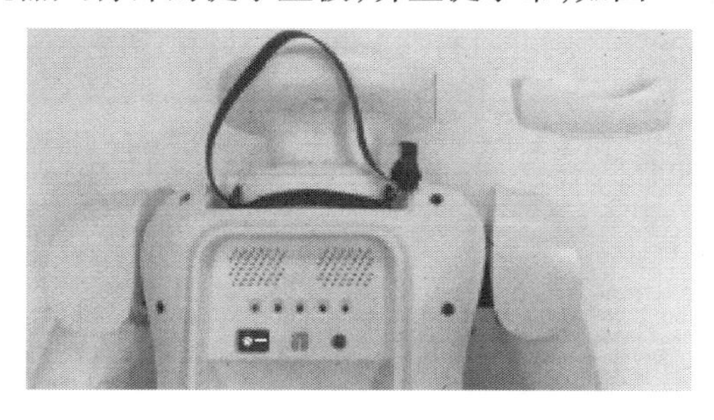

图 8.8　Roban 机器人背部的提手带

(2)将 Roban 机器人悬挂在牢固的支架上,或将机器人正面朝上平躺在平面上(可以不使用提手带),使机器人各个关节的舵机位置处于自由姿态。

(3)使用满电量的电池给 Roban 机器人供电,或使用随机附带的 DC 12 V 电源适配器给机器人供电。

(4)打开 Roban 机器人背部的电源开关,听到一声“滴”的声音后,等待 40 s ~ 1 min 的时间后会听到“机器人已启动”的语音提示,说明启动过程完成。Roban 机器人将从自由姿态变为初始站立姿态,全部的关节舵机加锁并保持站立姿态。

Roban 机器人的急停按钮如图 8.9 所示,仅供在紧急停止关节舵机时使用。当机器人的关节舵机处于加锁或运动状态时,按下急停按钮将触发全部关节舵机解锁,但机器人的主机仍然是运行的。机器人的关节舵机解锁后,需要按正常程序关闭机器人,再按电源开关重新启动机器人。

图 8.9　Roban 机器人背部的急停按钮

确认要关闭 Roban 机器人时,需要先将机器人悬挂回支架上,或者平躺在平面上,然后关闭机器人背部的电源开关,机器人全部的关节舵机将解锁,机器人恢复自由姿态,机器人主机关闭。

8.2.2　无线网络设置

Roban 机器人可以通过有线网络或 Wi - Fi 的方式连接计算机。由于有线网络需要接网线,因此推荐 Roban 机器人使用无线 Wi - Fi 的方式进行连接,Roban 机器人完成网络配置后可以记忆无线网络密码并且再次开机时可自动连接上次连接过的无线路由器。

配置 Roban 机器人无线网络的步骤如下。

(1)首次为 Roban 机器人配置 Wi - Fi 无线网络连接时,需要为机器人接上外置显示器、鼠标和键盘。

(2)按正常程序启动 Roban 机器人。

(3)启动成功后,外置显示器上将显示 Roban 机器人的开机界面,即 Ubuntu 操作系统的图形界面,如图 8.10 所示。

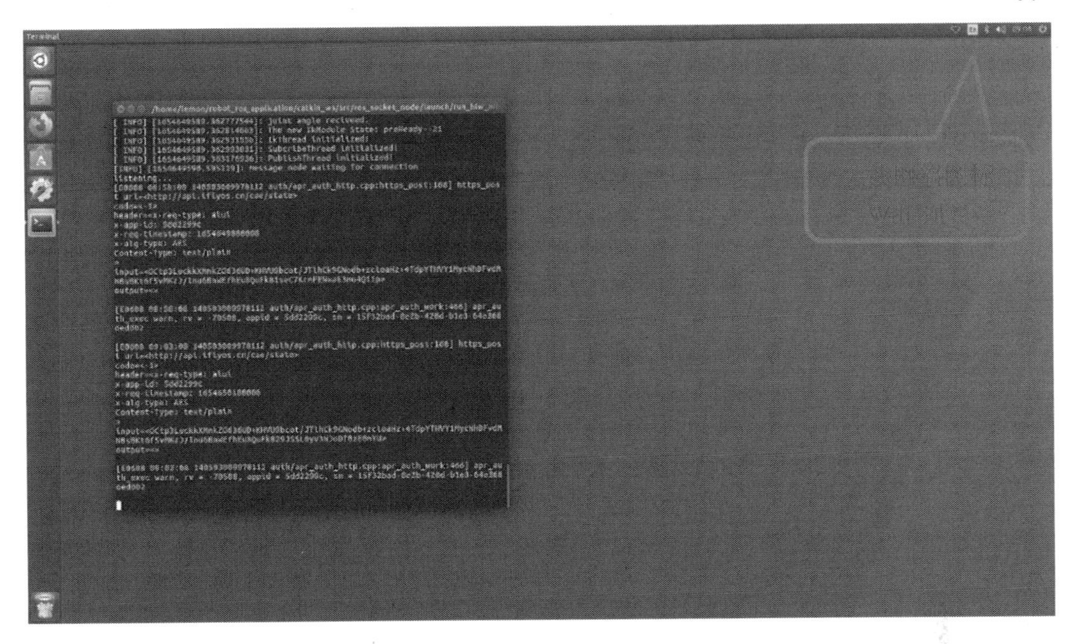

图 8.10 Ubuntu 操作系统的图形界面

(4)点击 Ubuntu 系统界面右上角的无线网络图标,在 Wi - Fi 列表选择需要连接的 Wi - Fi 网络,如图 8.11 所示,在弹出的密码框中输入 Wi - Fi 密码,如图 8.12 所示,并且点击“Connect”按钮。

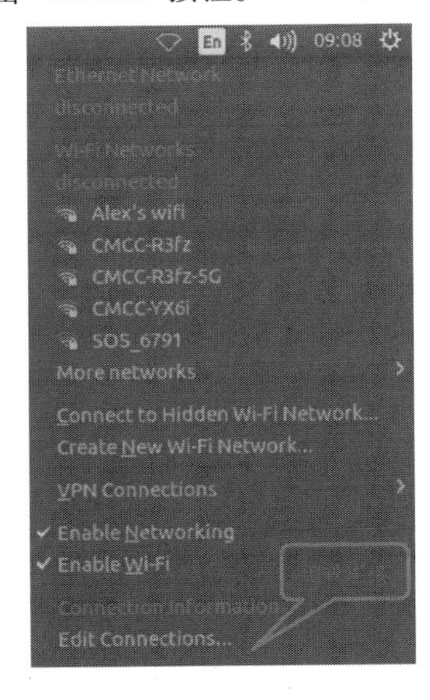

图 8.11 Wi - Fi 列表

图 8.12 输入 Wi - Fi 密码

(5)Wi - Fi 连接成功后,再次在图 8.11 所示的 Wi - Fi 列表中点击“Edit Connections…”(编辑连接)。在如图 8.13 所示的界面中,选择刚刚连接的 Wi - Fi 网络,点击“Edit”(编辑按钮)。在如图8.14所示的界面中,勾选"Automatically connect to this network when it is available"(该Wi-Fi网络可用时自动连接)和"All users may connect to this network"(所有用户都可以连接到该Wi-Fi网络)两相,点击"Save"按钮,以便Roban机器人启动后能够自动连接Wi-Fi。

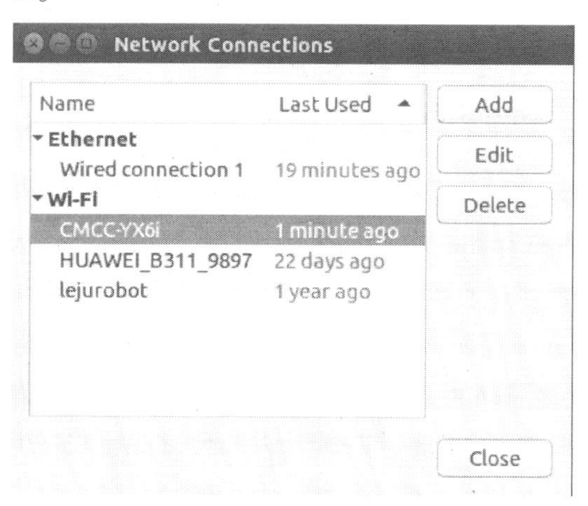

图8.13　选择需要编辑的Wi-Fi网络

图8.14　设置自动连接Wi-Fi

(6)打开一个终端窗口,输入"ifconfig"命令并回车,可以获得Roban机器人当前的IP地址,如图8.15所示,通过该IP地址可对机器人进行远程访问。

```
lemon@lemon-NUC8i3BEH: ~
lemon@lemon-NUC8i3BEH:~$ ifconfig
eno1      Link encap:Ethernet  HWaddr 1c:69:7a:66:d2:35
          UP BROADCAST MULTICAST  MTU:1500  Metric:1
          RX packets:0 errors:0 dropped:0 overruns:0 frame:0
          TX packets:0 errors:0 dropped:0 overruns:0 carrier:0
          collisions:0 txqueuelen:1000
          RX bytes:0 (0.0 B)  TX bytes:0 (0.0 B)
          Interrupt:16 Memory:a8b00000-a8b20000

lo        Link encap:Local Loopback
          inet addr:127.0.0.1  Mask:255.0.0.0
          inet6 addr: ::1/128 Scope:Host
          UP LOOPBACK RUNNING  MTU:65536  Metric:1
          RX packets:62108 errors:0 dropped:0 overruns:0 frame:0
          TX packets:62108 errors:0 dropped:0 overruns:0 carrier:0
          collisions:0 txqueuelen:1000
          RX bytes:6048018 (6.0 MB)  TX bytes:6048018 (6.0 MB)

wlp0s20f3 Link encap:Ethernet  HWaddr 14:f6:d8:d3:71:3d
          inet addr:172.22.24.21  Bcast:172.22.24.255  Mask:255.255.255.0
          inet6 addr: fe80::d7e:e1e5:7a0f:6c45/64 Scope:Link
          UP BROADCAST RUNNING MULTICAST  MTU:1500  Metric:1
          RX packets:3645 errors:0 dropped:0 overruns:0 frame:0
          TX packets:3615 errors:0 dropped:0 overruns:0 carrier:0
          collisions:0 txqueuelen:1000
          RX bytes:5312068 (5.3 MB)  TX bytes:370172 (370.1 KB)

lemon@lemon-NUC8i3BEH:~$
```

Roban机器人
当前的IP地址

图 8.15　获取 Roban 机器人当前的 IP 地址

当然,如果用户身边没有外置显示器、鼠标和键盘,也可以通过装有 Window 10 或 Ubuntu 操作系统的笔记本电脑,外加一根网线配置 Roban 机器人连接 Wi - Fi。详细操作步骤请参考官方论坛 https://bbs.lejurobot.com/。

8.2.3　远程登录 Roban 机器人

虽然 Roban 机器人可以通过外接的显示器、鼠标和键盘实现对应用程序的修改功能,但在执行程序的过程中可能会让机器人运动,很多程序也会让机器人执行不同程度的运动。因此,推荐通过 SSH 连接的方式来对 Roban 机器人进行开发。有很多 SSH 的客户端可供选用,本书推荐一种功能齐全且免费使用的远程工具 MobaXterm。

MobaXterm 是远程处理的终极工具箱。在一个单独的 Windows 应用程序中,为程序员、网站管理员、IT 管理员和几乎所有需要以更简单的方式处理远程工作的用户提供了大量的功能。MobaXterm 为用户提供了多标签和多终端分屏选项,内置 SFTP 服务以及 Xerver,让用户可以远程运行 X 窗口程序,SSH 连接后会自动将远程目录展示在 SSH 面板中,方便用户上传下载文件。MobaXterm 提供了所有重要的远程网络工具、协议(SSH、X11、RDP、VNC、FTP、MOSH 等)和 UNIX 命令(bash、ls、cat、sed、grep、awk、rsync 等)到 Windows 桌面。RDP 类型的会话可以直接连接 Windows 远程桌面,比 Windows 自带的 rmstsc 要方便不少。

MobaXterm 的官方网站为 https://mobaxterm.mobatek.net/,可以下载免费的家庭版。程序运行后的主界面如图 8.16 所示。

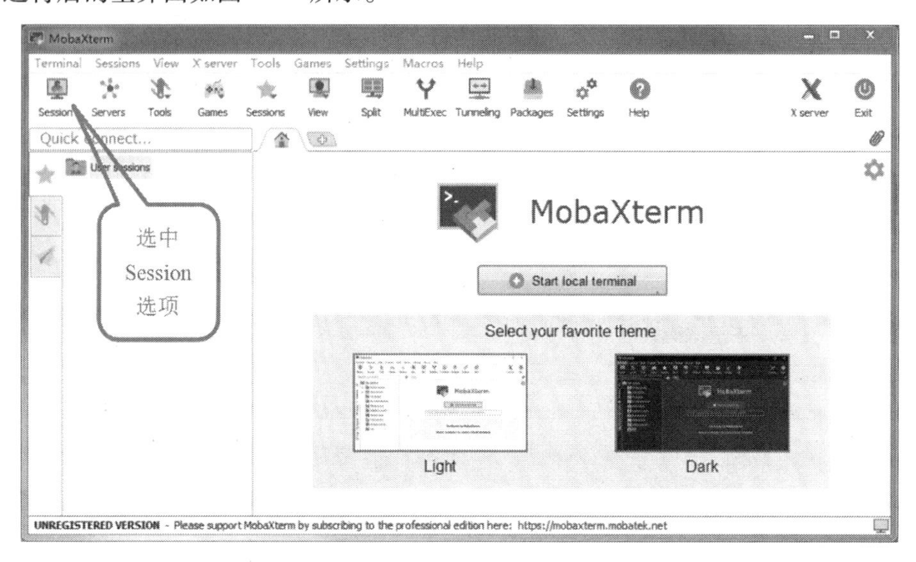

图 8.16 MobaXterm 的主界面

在 MobaXterm 主界面中选中 Session 选项,打开 Session setting 界面,如图 8.17 所示。

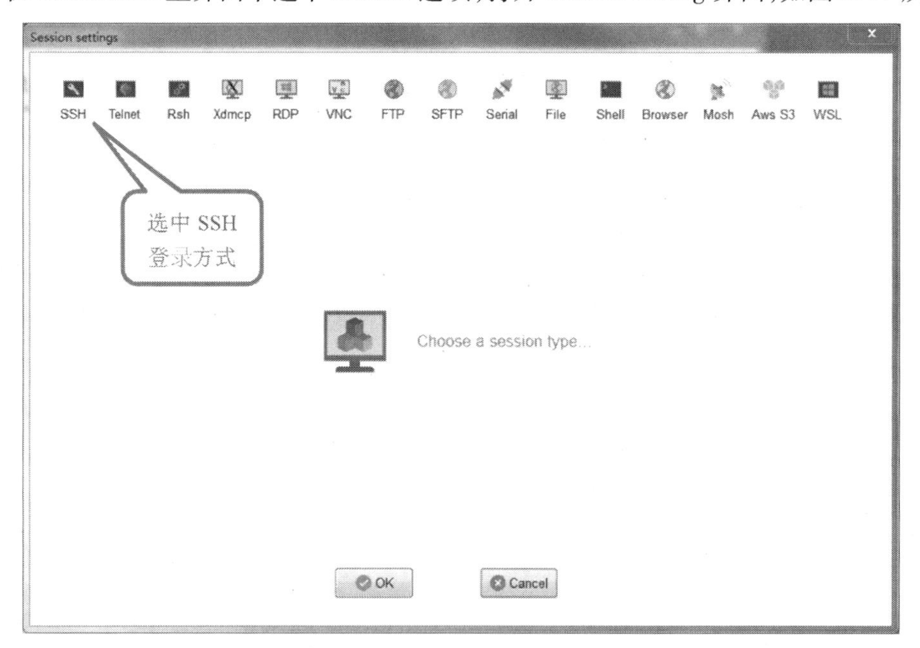

图 8.17 MobaXterm 的 Session setting 界面

在 Session setting 界面中选中 SSH 登录方式,Session setting 界面形式如图 8.18 所示。输入远程主机(即 Roban 机器人)的 IP 地址,勾选"Specify username"(指定用户名),Ro-

ban 机器人默认用户名为“lemon”，点击“OK”按钮，开始尝试连接远程主机。进入后会要求输入密码，如图 8.19 所示。

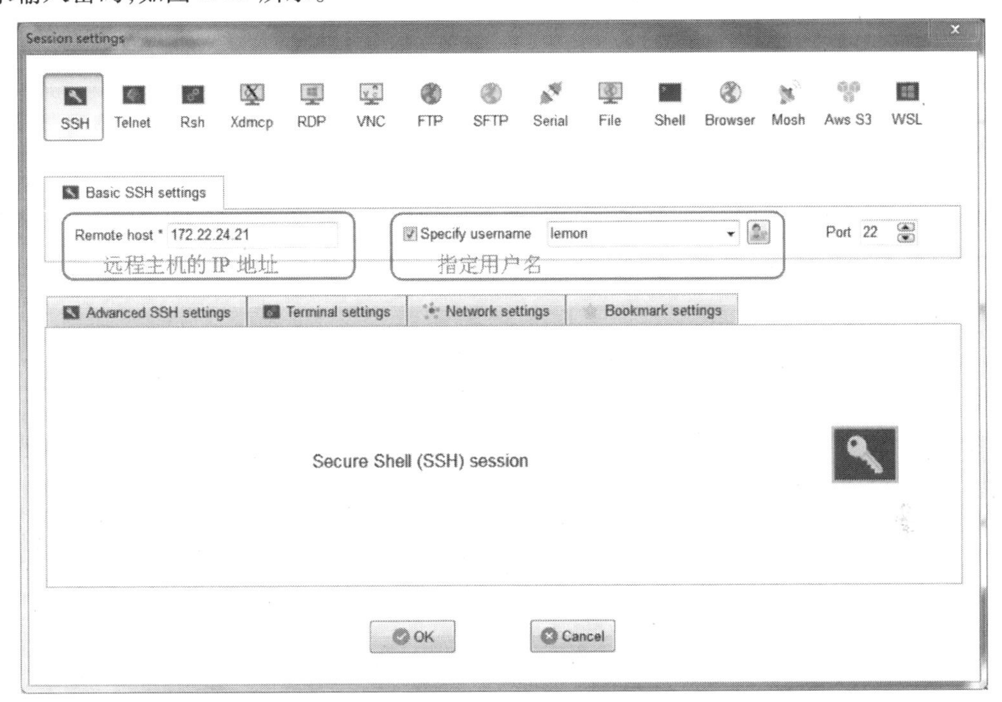

图 8.18　选中 SSH 登录方式的 Session setting 界面

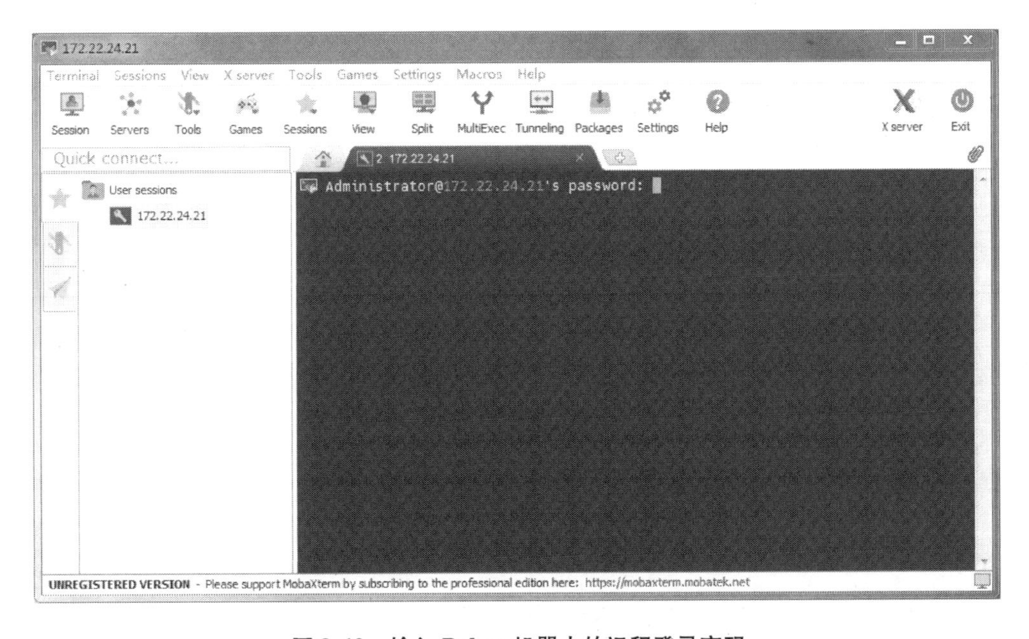

图 8.19　输入 Roban 机器人的远程登录密码

输入 Roban 机器人的登录密码（具体密码见产品说明书）。需要说明的是，输入密码时没有字符(如 * * *)提示,直接输入即可,输入完成后按“回车”键。实际的用户名和密码可以在登录之后修改,如果已更改过,即按照更改后的用户名填写即可。

密码输入成功后,进入如图 8.20 所示的操作界面,左侧为文件管理界面,可以方便地使用拖曳的方式管理 Roban 机器人上的文件和本机的文件;也可以使用界面上部的那一排按钮对文件进行操作。窗口右侧是一个终端界面,可以直接使用命令行对 Roban 机器上的终端进行操作。

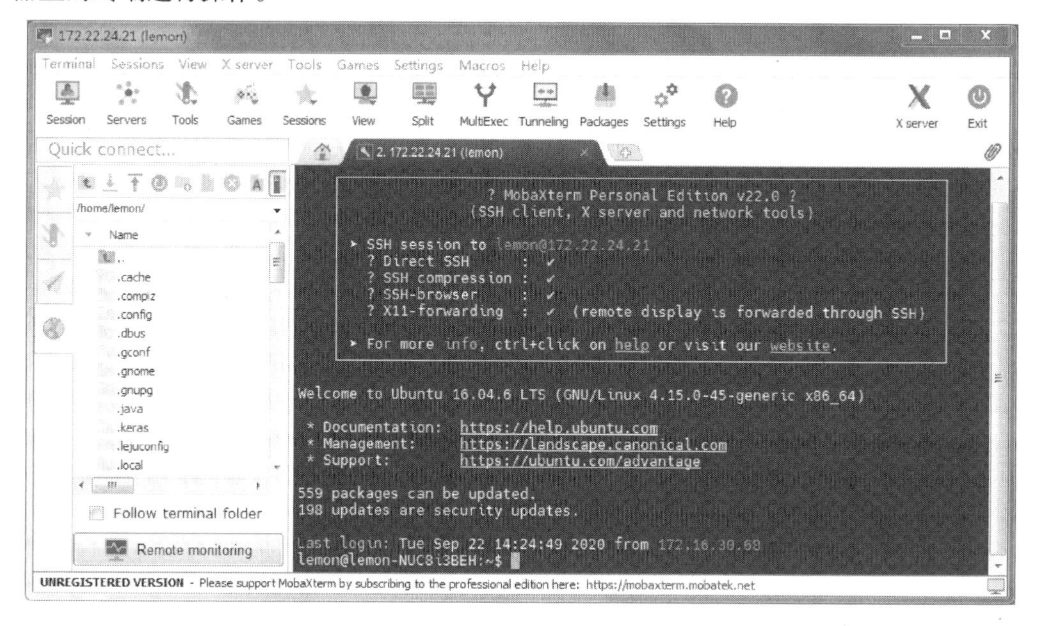

图 8.20 MobaXterm 远程操作界面

8.2.4 使用 Visual Studio 进行开发调试

前面介绍了使用 MobaXterm 远程登录 Roban 机器人进行开发的方法,通过 MobaXterm 将本地编辑好的程序文件上传到 Roban 机器人中运行,但代码不能在机器人上进行调试,也不方便使用调试软件。为了调试方便,可采用 Visual Sudio Code(简称 VS Code)进行开发。下面介绍如何使用 VS Code 对 Roban 机器人进行开发调试。

可以从 Visual Sudio Code 官网上下载适合自己电脑操作系统的版本并安装。VS Code 运行后的主界面如图 8.21 所示。

VS Code 界面默认为英文界面,可以采用如下方法将其设置为中文界面。在 VS Code 界面中按 <Ctrl + Shift + P>组合键,打开搜索框,输入“configure display language”,如图 8.22 所示,选择“Chinese 中文(简体)”,点击“Install”按钮,安装语言包后重启 VS Code,即转换为中文界面,如图 8.23 所示。

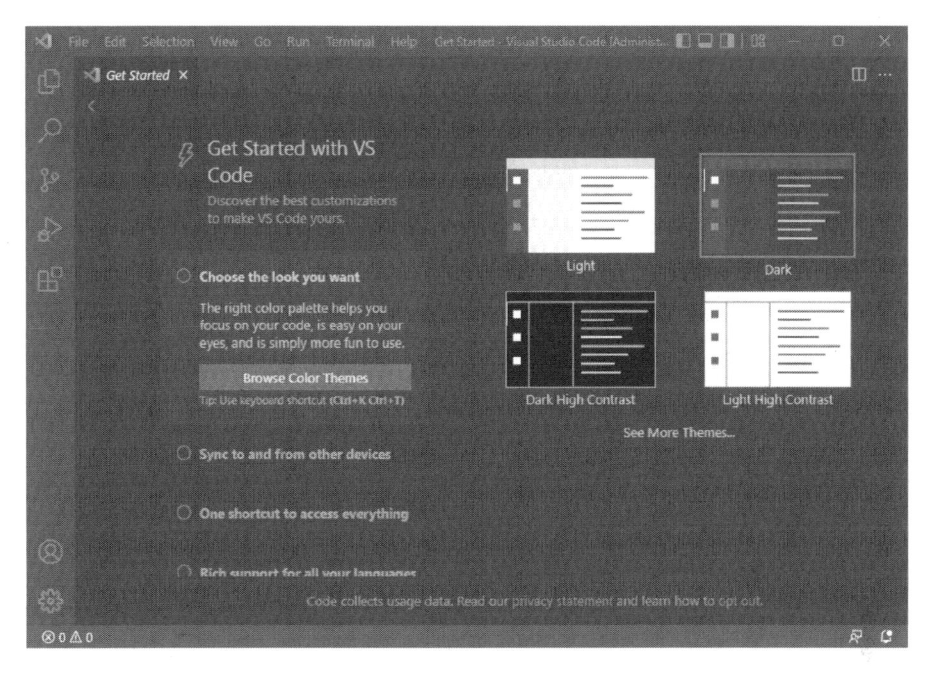

图 8.21　VS Code 的主界面

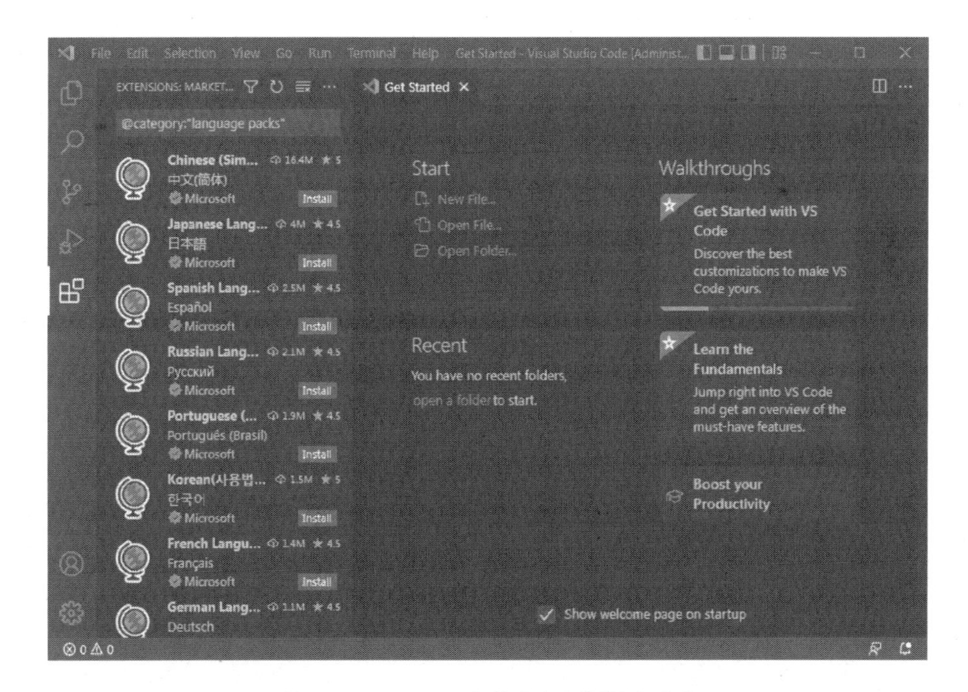

图 8.22　VS Code 安装中文(简体)语言包

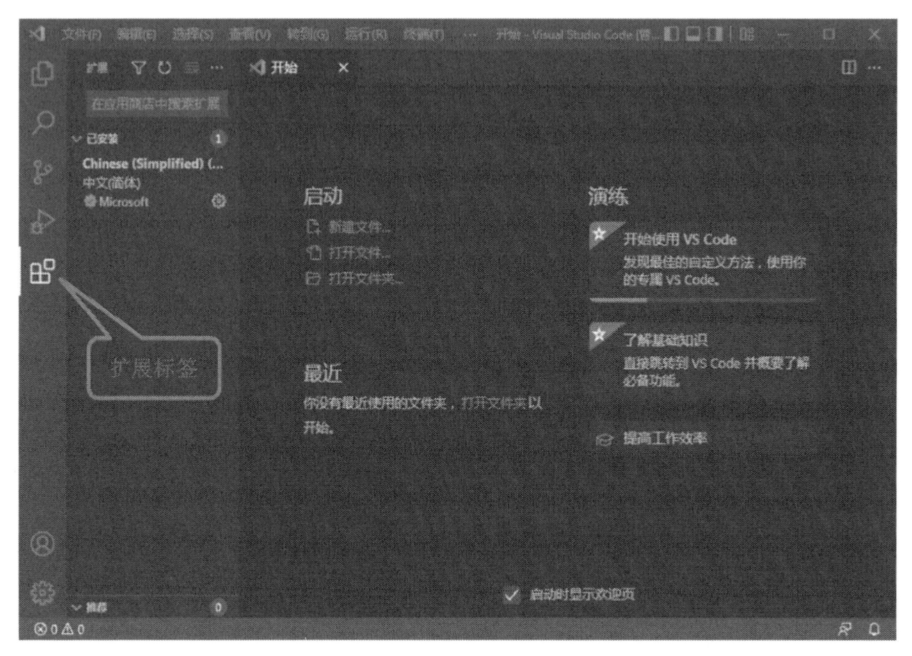

图 8.23　中文界面的 VS Code

在图 8.23 的 VS Code 界面中点击扩展标签，在搜索栏中输入“remote development”扩展插件，如图 8.24 所示，点击“安装”按钮。该插件会自动安装一系列远程开发所需要的插件，安装完成后即可对 Roban 机器人远程连接开发。

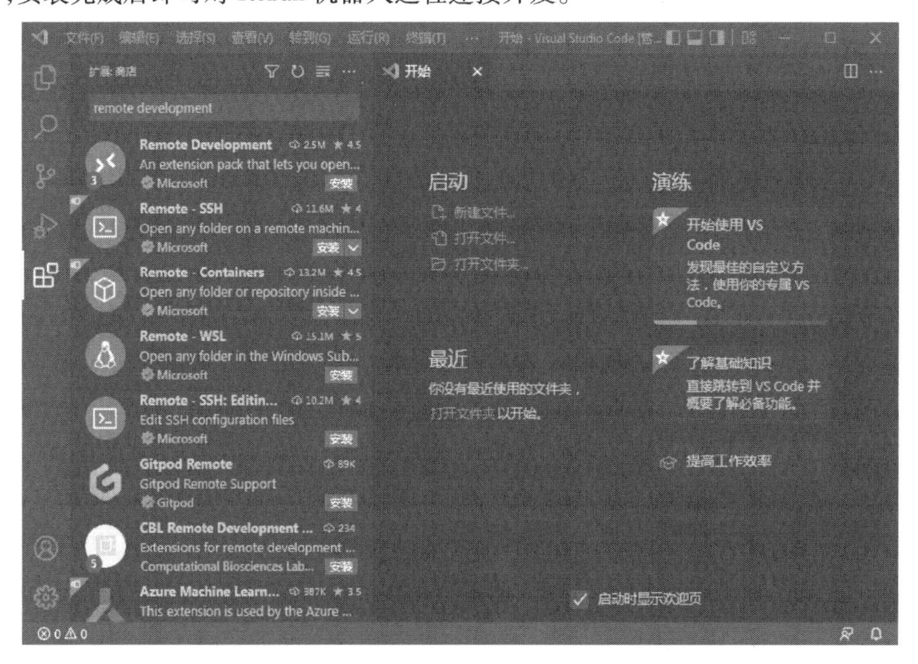

图 8.24　安装远程开发 Remote Development 扩展插件

安装完成后,按<Ctrl + Shift + P>组合键,打开搜索框,输入“Connect Current Window to Host”,选择“+Add New SSH Host…”,如图8.25所示。

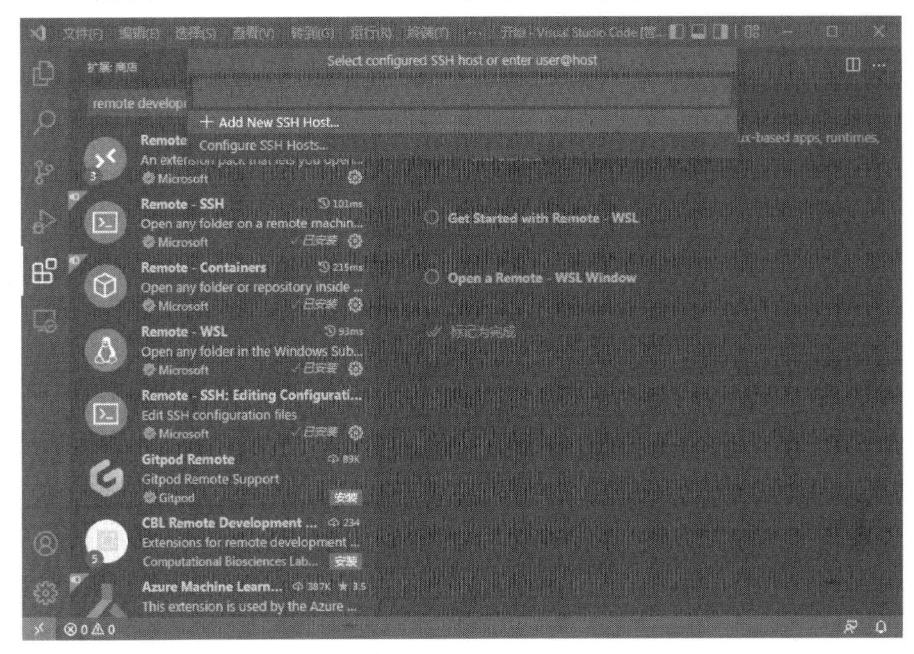

图8.25 创建SSH主机

在安装完成后就可以使用VS Code对机器人进行远程开发了。在VS Code界面中左边部分为文件区,可以对文件进行操作;右侧有对应的编码区及终端区,可用于机器人软件的开发。

8.3 通过PC端软件操作Roban机器人

8.3.1 Roban的PC端软件

Roban机器人的PC端软件,如图8.26所示,可以通过下面的链接下载、安装,微软Windows版:https://www.lejurobot.com/support-cn/#download。

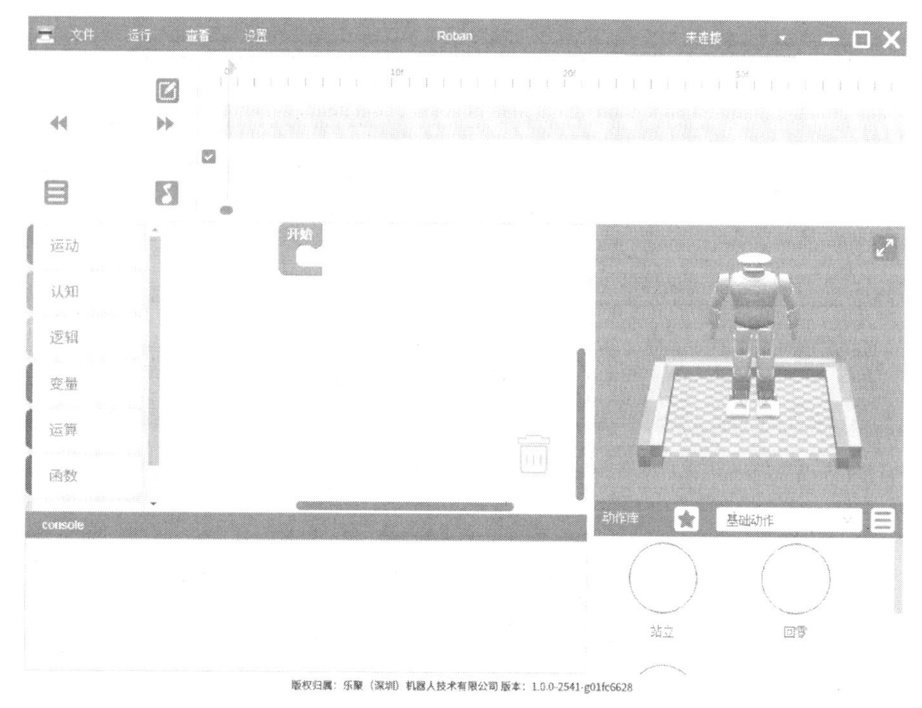

图 8.26　Roban 的 PC 端软件界面创建 SSH 主机

通过该 PC 端软件,可以方便地编辑 Roban 机器人的动作序列,称为“动作帧”。编辑机器人的动作之前,需要先调整机器人各关节舵机的“零点”,确保机器人在站立状态下是标准的站立姿态,如图 8.27 所示,标准站立姿态是指头端正向前,双手水平,双腿竖直,机器人端正,这样不管在何时,程序运行相同动作时都将达到同样的效果。零点正确后再调整动作,能保障机器人行走稳定。

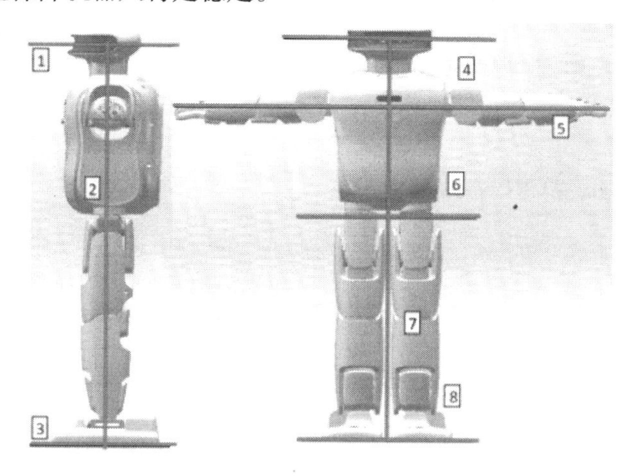

图 8.27　Roban 的 PC 端软件界面创建 SSH 主机

“零点调试”的步骤如下。

(1)点击菜单按钮“设置”,在弹出的窗口中电机“零点调试”。

(2)点击“获取零点”,获取当前机器人各关节舵机的零点数值。

(3)调节舵机数值至机器人标准状态。

(4)电机“设置零点”,零点设置成功。

8.3.2 编辑机器人动作帧

机器人的一系列连杆的动作可以由 PC 端的 Roban 软件生成,称为“机器人动作帧”,其编辑步骤如下。

1. 打开 Roban 软件并连接机器人

PC 端 Roban 软件的主界面如图 8.28 所示,点击右上角的“未连接”图标,可以选择与当前 PC 机处于同一无线局域网中的机器人,选择需要连接的机器人即可实现自动连接。

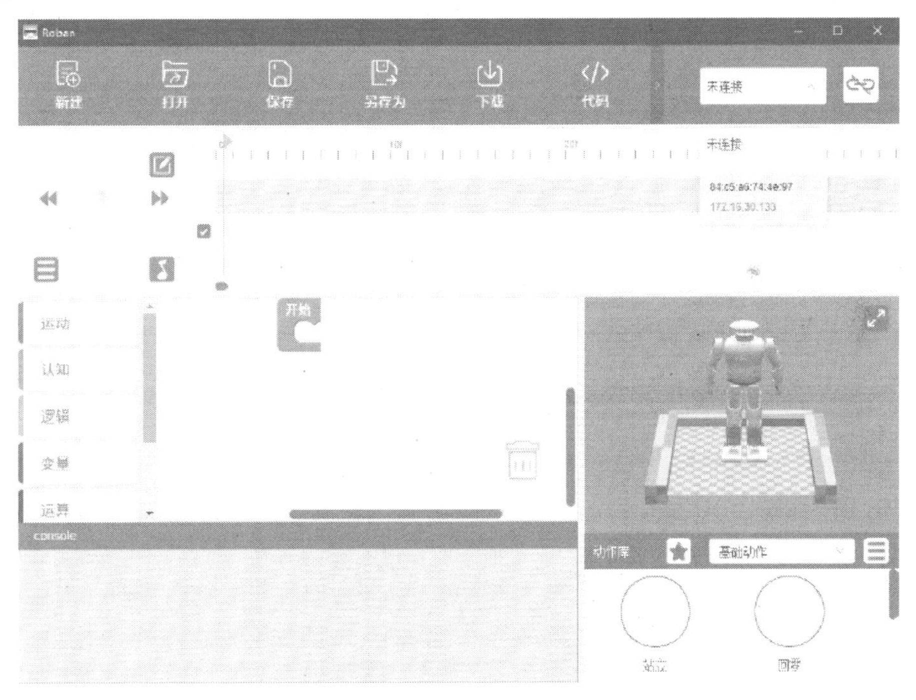

图 8.28 PC 端 Roban 软件的主界面

2. 在时间轴上插入关键帧

在主界面右上方的时间轴区域设置时间范围,100f 对应 1.0 秒的时间,然后在第一帧处点击鼠标右键→插入关键帧→设置全身关键帧,如图 8.29 所示。

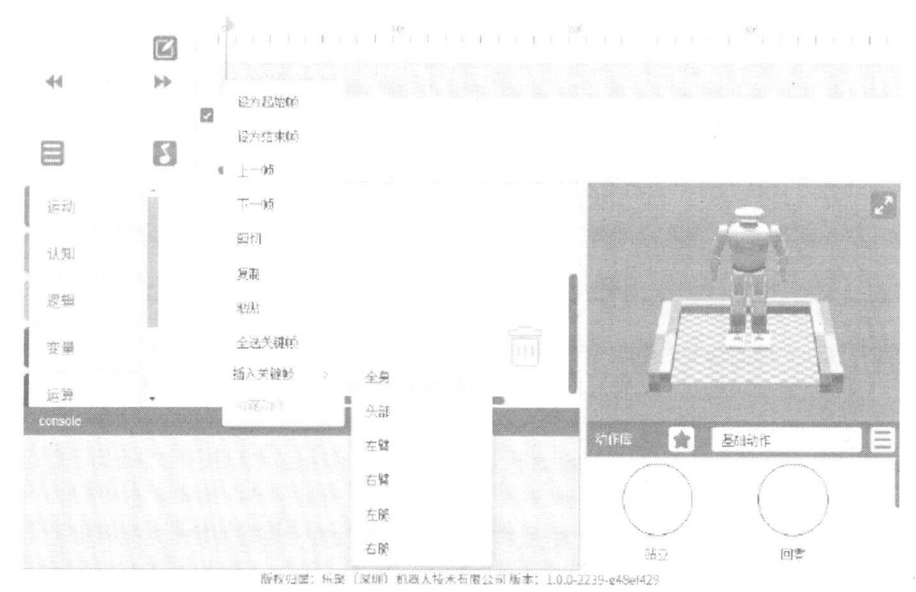

图 8.29　插入起始关键帧

以同样的方式在所需要的下一个动作点的对应时间处插入手部或其他部位的关键帧,然后点击主界面右下角的 3D 仿真界面,可以对机器人相应部位设置动作,如图 8.30 所示,这里可以对机器人的所有 22 个关节分别设置运动角度。设置完成后点击“确定”,在 3D 仿真界面和机器人本体(如果已连接机器人)同步显示动作。

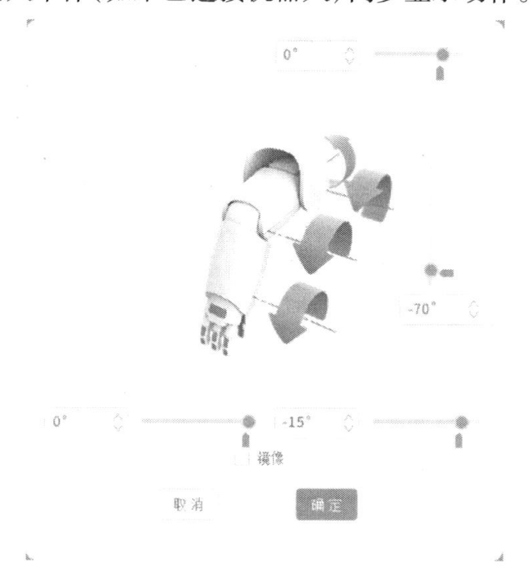

图 8.30　设置机器人的动作

3. 生成动作帧模块

设置完左右动作的关键帧后,点击主界面左侧的菜单图标,选择“生成模块”,如图

8.31 所示。

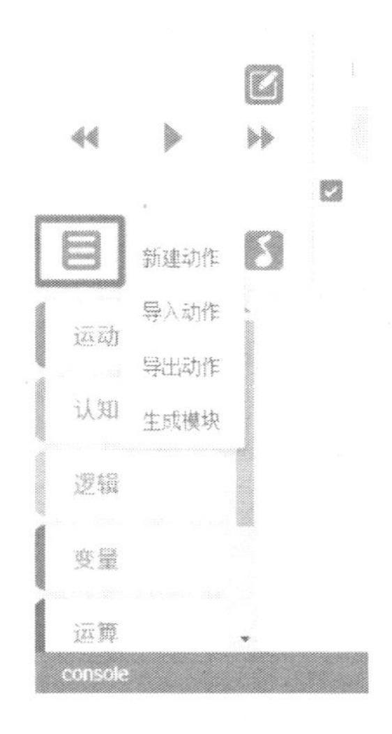

图 8.31 生成动作帧模块

4. 生成动作帧到 frames. py 文件

生成动作帧模块后，在主界面中间的图形化编辑区中，将生成的模块拖入“开始”中，即可点击菜单中的“代码”选项。将生成的机器人动作帧代码复制到 frames. py 文件中的相应位置即可使用，如图 8.32 所示。

```
1   #!/usr/bin/env python
2   # coding=utf-8
3
4   from lejulib import *
5
6
7   def main():
8       node_initial()
9
10      try:
11          test_frames = {"1":[[[0,0],[0,0],[414,0]],[[1380,160],[-414,0],[0,0]]],"2"
12          test_musics = []
13          client_action.custom_action(test_musics,test_frames)
14
15
16      except Exception as err:
17          serror(err)
18      finally:
19          finishsend()
20
21  if __name__ == '__main__':
22      main()
```

图 8.32 使用动作帧代码

8.4 本章小结

本章主要介绍了 Roban 中型仿人形机器人的软、硬件系统组成,搭载的传感器系统,运动模型与关节舵机的 ID 数值定义,以及操作 Roban 机器人进行开/关机、配置无线 Wi - Fi 网络和远程调试的方法,为第 9 章基于 Roban 机器人的项目实战奠定基础。

第 9 章　仿人形机器人任务挑战赛

本章以第 24 届中国机器人及人工智能大赛应用类人形机器人全自主挑战赛(高职版)为例,介绍采用 Roban 机器人完成该项赛事所需的准备工作、机器人自主导航与定位的方法,以及如何设计机器人程序,让机器人独立完成各项挑战任务。

9.1　任务简介

9.1.1　比赛场地介绍

人形机器人全自主挑战赛的比赛场地示意图如图 9.1 所示,场地面积为 3.6 m×4.8 m。赛道主体为刀刮布,表面颜色为灰白色。为了接近机器人实际工作环境,部分赛道表面敷有喷绘薄膜,喷绘图案不使用 3D 图案,仅用 2D 图片表示草地、地砖、地板等图案;部分赛道铺盖地毯或橡皮胶垫。赛道周边有一圈围挡广告,围栏距离赛道边界约 50 cm,上有 LOGO;赛道中心场地上也有地面广告。

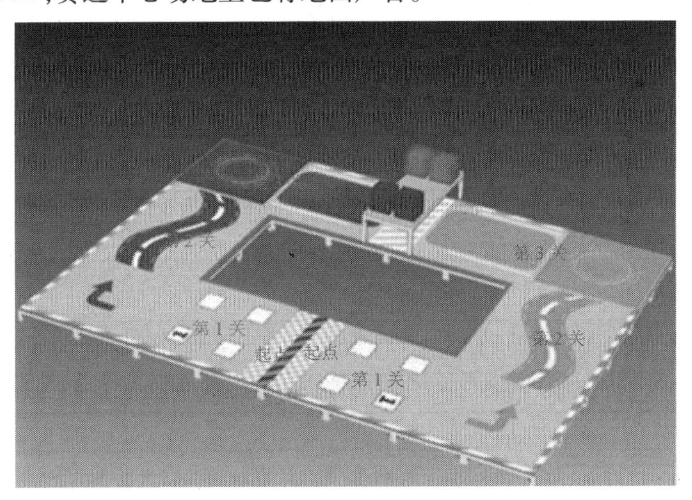

图 9.1　人形机器人全自主挑战赛的比赛场地示意图

机器人脚底静摩擦系数约为 0.1,各参赛队可根据需要在机器人脚底加贴防滑材料。

赛道设有多个任务路段,每个任务路段都有自己的起点线和终点线。第一个任务路段的起点线也是赛道起点线,每个任务的终点线都是后续任务的起点线,最后一个任务的终点线也是赛道终点线。比赛开始时,“将机器人置于起点”是指机器人脚底接近但不触碰、更不能超过起点线。任务起点线是为了放置机器人和衡量成绩而设置的,机器人不需要识别这个标志线。“机器人离开赛道”是指机器人移动到赛道外或者越过对应关卡划定的区域。

9.1.2 挑战任务介绍

1. 第 1 关:走迷宫

区域中分布有四个方形的备选位置,其中数字“1”随机摆放在四个备选位置中的一个,Roban 机器人需要采用自主定位与导航技术、机器人视觉技术识别数字“1”在四个备选位置中的哪一个,然后采用路径规划技术,从数字“1”上走过去即可。

2. 第 2 关:过弯道

区域中有一条 S 形的弯道,Roban 机器人需要采用自主定位与导航技术、路径规划技术稳定行走通过弯道。要求机器人未摔倒、未离开赛道、未碰撞拦路板。

3. 第 3 关:危险物拆除

区域中的桌面上放有蓝色和红色两个“能量块”, Roban 机器人需要采用自主定位与导航技术、路径规划技术、运动控制技术识别出“蓝色能量块”的位置,并用机器人的手臂将“蓝色能量块”从桌面上推下。

9.1.3 Roban 机器人需要的准备工作

在终端中输入如下命令,更新 Roban 机器人的程序:

```
$ cd ~/robot_ros_application
$ git fetch
$ git checkout master
$ git pull
```

下载最新版的程序后,可以根据更新程序文档/home/lemon/robot_ros_application/scripts/sys_update/README.md 完成更新工作,然后就可以编译新下载的源代码了。

在终端中输入如下命令,切换到 catkin 工作空间的根目录下,编译所有源代码,并刷新环境变量:

```
$ cd ~/robot_ros_application/catkin_ws
$ catkin_make
$ source devel/setup.bash
```

任务挑战赛所需的源代码目录为/home/lemon/robot_ros_application/catkin_ws/src/ros_actions_node/scripts/game/2022/caai_roban_challenge/higher_vocational_schools。

比赛源代码目录结构如图 9.2 所示。

```
higher_vocational_schools
├── number_img #第一关数字图片模板目录
|   ├── 1.jpg
|   ├── 2.jpg
|   ├── 3.jpg
|   └── 4.jpg
└── scripts
    ├── frames.py#统一存放动作帧的文件,如搬运动作、拨动动作
    ├── public.py#公共引用文件,提供统一的slam循迹、转头等函数
    ├── roban_challenge_main.py#主程序文件
    ├── slam_clear_obstruction.yaml#高职第三关清理障碍物的slam标注点文件
    ├── slam_path_tracking.yaml#第二关循迹的slam标注点
    ├── slam_identify_num_n.yaml#第一关识别数字的slam标注点
    ├── Task_clear_obstruction.py#第三关清理障碍物的程序文件,在
roban_challenge_main.py继承调用,也可以单独运行该节点进行测试
    ├── Task_identify_numbers_n.py#第一关识别数字的程序文件...(同上)
    ├── Task_path_tracking.py#第二关循迹的程序文件...
    ├── bodyhub_action.py#用于与bodyhub服务通信以及提供状态转换逻辑的类库
    └── slam_map.py#用于建图/标注点的工具脚本
```

图 9.2　比赛所需程序源代码的目录结构

roban_challenge_main. py 是任务挑战赛的主程序,Task_identify_numbers_n. py 是第一关识别数字程序,Task_path_tracking. py 是第二关循迹程序,Task_clear_obstruction. py 是第三关清除桌面上的障碍物程序,public. py 是公共引用文件,每个关卡类都从 Public-Node 中继承,SLAM 的位置信息通过/initialpose 话题获得,机器人的控制指令由/gaitCommand 话题发布。

9.2　基于 ORB - SLAM2 的建图与导航

9.2.1　SLAM 简介

同步定位与地图构建(Simultaneous Localization and Mapping,SLAM)问题可以描述为:机器人在未知环境中从一个未知位置开始移动,在移动过程中根据位置估计和地图进行自身定位,同时在自身定位的基础上构建"增量式地图",实现机器人的自主定位和自主导航。一个 SLAM 问题的解决方案已经成为可移动机器人的"金钥匙",可让机器人真正实现自主行走。

为了四处走动,机器人需要像人一样从地图上获得信息。但就像人类一样,机器人也不能总是依靠 GPS 信号进行定位,尤其是在室内运行时。另外,如果想要安全地移动,需要 10 cm 左右的安全距离,GPS 也没有足够的精度来支持户外运行。相反,如果机器人可以依靠同步的本地化地图和 SLAM 来探测与绘制周围环境,导航和定位便将精确得多。借助 SLAM,机器人可以随时随地构建自己的地图。通过将它们收集的传感器数据与它们已经收集的任何传感器数据对齐,以建立导航地图,让它们知道自己的位置。这听起来很容易,但这实际上是一个非常复杂而困难的问题。

SLAM 最早由 Smith、Self 和 Cheeseman 于 1988 年提出,至今已有三十多年的发展历史。Hugh F. Durrant - Whyte 研究小组在 20 世纪 90 年代初期进行了该领域的其他开拓性工作,这表明 SLAM 的解决方案存在于无限数据限制中。该发现激励了在计算上易处理并取近似解的算法的搜索。由 Sebastian Thrun 领导的自动驾驶 STANLEY 和 JUNIOR 汽车赢得了 DARPA 大挑战赛,并在 2000 年的 DARPA 城市挑战赛中获得第二名,其中就使用了 SLAM 系统,这使得 SLAM 引起了全世界的关注。现在, SLAM 已经趋于大众化,即便在消费型机器人吸尘器中都能找到 SLAM 的影子。

这里我们将采用 ORB - SLAM2 功能包来实现此功能。ORB - SLAM2 是一个服务于单目、双目 RGB - D 相机的完整的 SLAM 系统,包括地图重用、闭环和重定位的功能。该系统可在各种环中的标准 CPU 上实时工作,从小型手持室内序列到在工业环境中飞行的无人机以及在城市中行驶的汽车。对于一个未知区域,该系统能从视觉上进行简单的定位以及测量追踪。

9.2.2 SLAM 建图

1. 仓库克隆与编译

在终端中输入如下命令,切换目录结构,并克隆 SLAM 仓库:

```
$ cd ~/robot_ros_application
$ git clone ssh://git@www.lejuhub.com:10026/sunhao/slam.get
```

在克隆 SLAM 仓库之前,需要先确认当前的 Roban 机器人上的目录结构,如果已经有这个目录了,则需要在其他路径下备份,然后在克隆 SLAM 仓库。

在终端中输入如下命令,切换到 SLAM 文件夹下,并编译 SLAM:

```
$ cd ~/robot_ros_application/slam
$ ./install_make.sh
$ source ~/robot_ros_application/catkin_ws/devel/setup.bash
```

需要说明的是,如果第一次执行编译时出错,再运行一次编译程序就能正常通过,这是编译规则的问题。每次编译成功之后,都需要使用 source 命令来刷新系统的环境变量,否则 ROS 系统无法找到对应功能包。

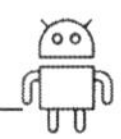

2. 启动 BodyHub 节点与摄像头

在终端中输入如下命令，切换到 scripts 文件夹下，以管理员身份运行 bodyhub. sh 程序启动 BodyHub 节点，启动摄像头：

```
$ cd ~/robot_ros_application/scripts/
$ sudo -S bash bodyhub.sh
$ roslaunch ros_socket_ node camera.launch
```

也可以使用机器人的启动脚本 start. sh 直接运行所有节点，位于 ~/robot_ros_application /scripts/start. sh 路径下。

3. 运行建图

先将 Roban 机器人放置在比赛场地起点的位置，如图 9.3 所示。

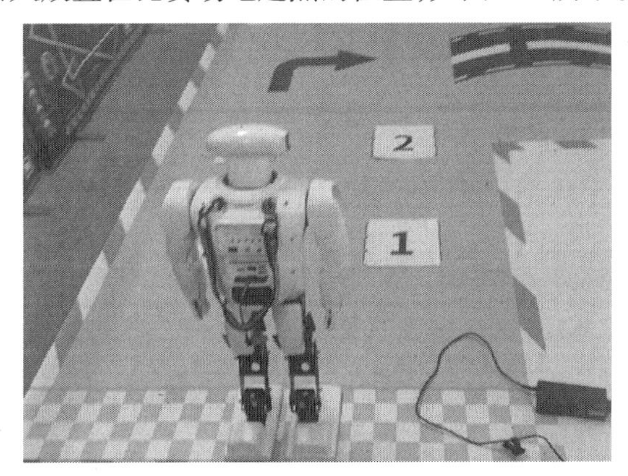

图 9.3　将机器人放置在起点位置

然后在终端中输入如下命令，启动 SLAM 建图：

```
$ cd ~/robot_ros_application/slam
$ source devel_isolated/SLAM/setup.bash
$ rosrun SLAM RGBD utils/ORBvoc.bin utils/rgbd.yaml true false
```

其中，参数 1 为 true，表示使用显示；如果参数 2 为 false，表示建图模式，如果为 true，则表示为定位模式。

上述的建图命令也可以写在一个 sh 脚本里面，放于 slam 仓库目录下，最后的参数通过命令行传入，例如：

```
~/robot.ros.application/catkin_ws/srcros_actions.node/scripts/botec/run_slam.sh
```

启动后可以在屏幕中看到两个显示窗口，如图 9.4 所示。

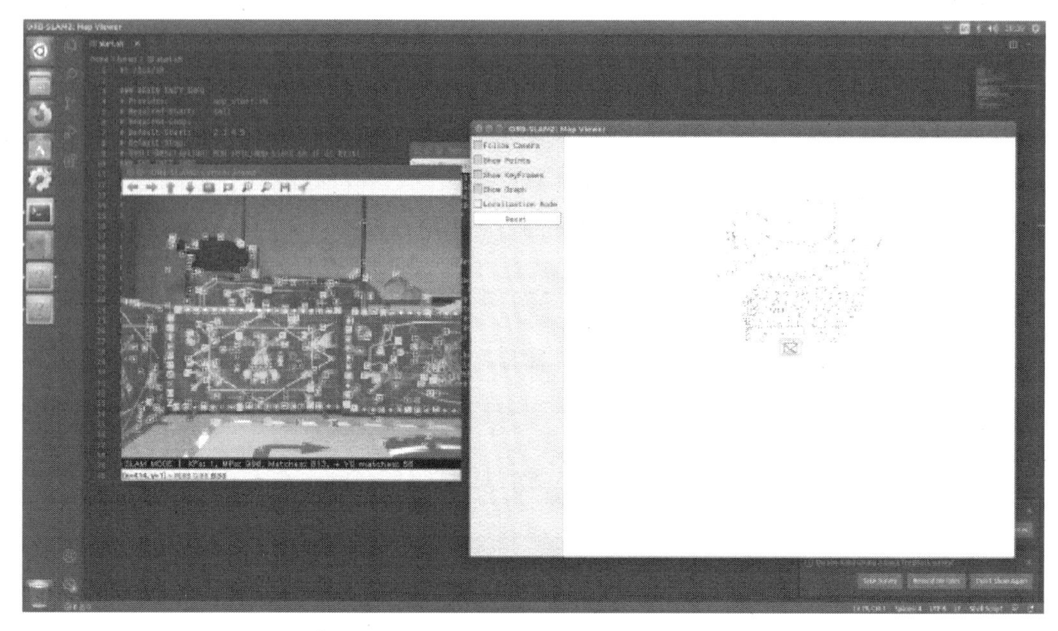

图 9.4　SLAM 窗口

在图 9.4 所示的 SLAM 窗口中,左侧为相机的 RGB 图像,右侧为实时 SLAM 特征点和关键帧的点云图。在 RGB 图中,紫色的点代表原来地图上已经有的关键点,绿色的点代表重新识别出来的关键点。在点云图中,绿色的方框代表当前位置,红色的点云代表当前 RGB 图像在点云图上的位置,蓝色的点代表已经识别的点云。建图的时候可以根据屏幕上显示的信息甄别建图的好坏。

此时如果没有相机图像,则需要检查 slam/src/SLAM/ORB_SLAM2/Examples/ROS/ORB_SLAM2/src/ros_rgbd. cc 文件中订阅的摄像头消息和相机节点的消息是否一致。

4. 建图要点

建图时需要手动移动 Roban 机器人位置,再缓慢地转动机器人,使机器人看到周围的挡板。在一个位置扫描完一圈后,需要缓慢地移动机器人到下一个不远的位置,缓慢的程度可以参考显示界面上的 RGB 图像和点云图,原则是尽量保持 RGB 图像在每个时刻都有特征点识别出来,移动太快会丢掉当前位置,导致点云信息无法拼接。

Roban 机器人提供了一个辅助建图的脚本文件,位于 higher_vocational_schools/scripts/slam_map. py 下。直接使用 Python 运行该文件,即可进入命令行控制模式,按下键盘上的 E 键可以使机器人头部匀速旋转,如图 9.5 所示,从而可以不需要手动转动机器人。

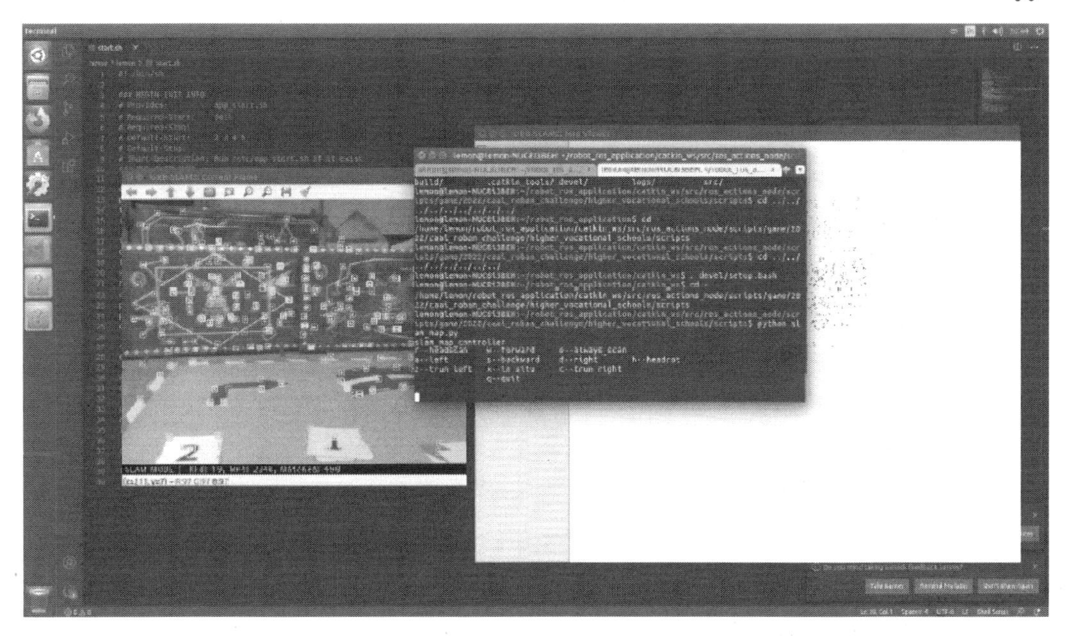

图 9.5　匀速转动机器人头部进行扫描

扫描完一遍后，场地围挡的轮廓已经基本成型了，扫描完成后的点云图如图 9.6 所示。

图 9.6　扫描完成后的点云图

此时可以将点云图左侧的 Localization Mode 打开，从而切换到定位模式（不更新地图），如图 9.7 所示。到处移动 Roban 机器人，如果看到有地方无法识别出特征点或者定位错误，可以在此前正确的位置打开 Localization Mode 复选框，缓慢移动到缺少特征点的位置，从而修正地图。

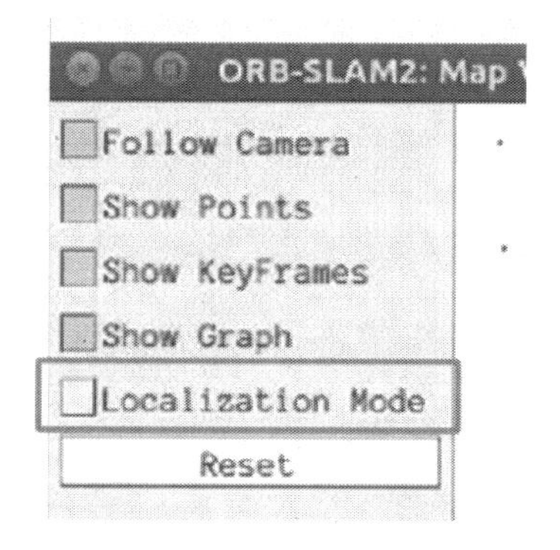

图 9.7　将点云图切换到定位模式

SLAM 建图时应尽量避免出现“双重墙”问题,如图 9.8 所示,这一般是因为移动机器人的速度过快导致定位丢失引起的。如果不想重新建图,可以尽快将机器人的摄像头移动到此前可以正确定位的位置,然后再缓慢地移动到出现“双重墙”的位置,让建图算法识别出闭环更新地图。

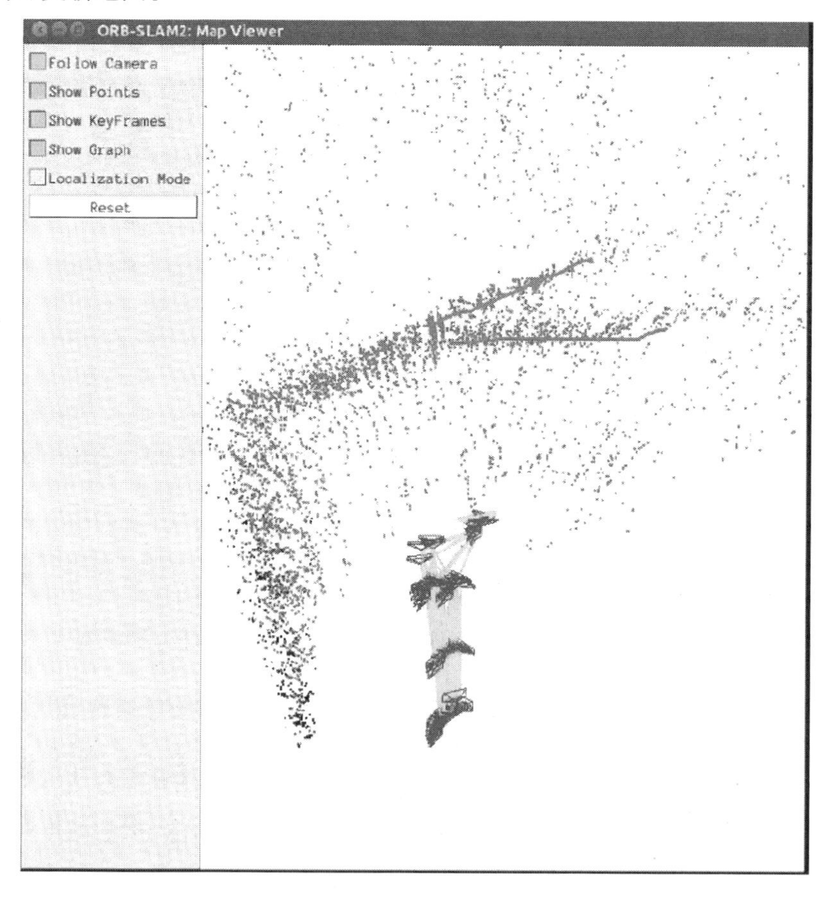

图 9.8　SLAM 建图时出现的“双重墙”问题

建图完成后直接按<Ctrl+C>组合键停止建图并保存地图，地图应当适当备份，以免丢失重建。

建图完成后，如果想要在原有地图上附加建图，可以再次运行建图脚本。在终端中输入如下命令，切换文件夹，启动 SLAM 建图，然后在点云图的窗口左侧关闭 Localization Mode 即可。

```
$ cd ~/robot_ros_application/slam
$ source devel_isolated/SLAM/setup.bash
$ rosrun SLAM RGBD utils/ORBvoc.bin utils/rgbd.yaml true true
```

注意：SLAM 命令的第 2 个参数是 true，表示定位模式；如果为 false，将会覆盖掉之前的地图而进行重新建图。

9.2.3　SLAM 标定

建图完成之后，即可对地图上的导航点进行标定。在终端中输入如下命令，切换文件夹，启动 SLAM 建图：

```
$ cd ~/robot_ros_application/slam
$ source devel_isolated/SLAM/setup.bash
$ rosrun SLAM RGBD utils/ORBvoc.bin utils/rgbd.yaml true true
```

SLAM 位置信息可以通过订阅/initialpose 话题来获得，也可以通过运行辅助建图脚本进行输出。在命令窗口中输入如下命令，运行脚本程序，如图 9.9 所示：

```
python ~/robot_ros_application/catkin_ws/src/ros_actions_node/scripts/game/2022/caai_roban_challenge/higher_vocational_schools/scripts/slam_map.py 1
```

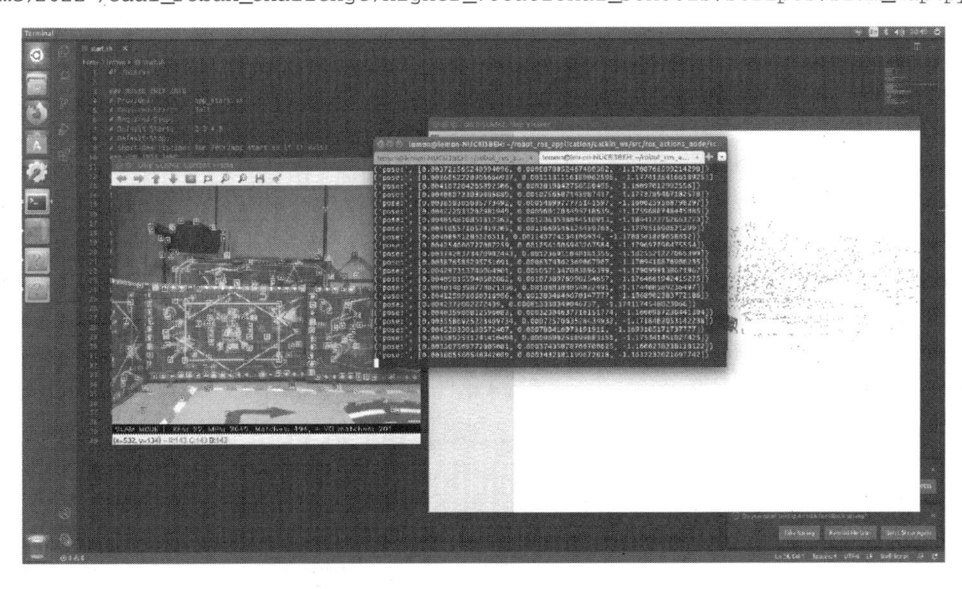

图 9.9　SLAM 位置信息输出

每个关卡都有一个对应的 SLAM 标定文件(yaml 文件),命名格式为 slam_＊＊. yaml(关卡名用＊＊代替)。

1. 第 1 关中需要标定的位置

如图 9. 10 所示,打开 slam 位置输出后,将 Roban 机器人分别移动到图中的 1、2、3、4 四个位置上,打开第一关的 SLAM 标定文件(slam_identify_num_n. yaml),将 slam 位置信息分别填在 Upper_left(左上)、Upper_right(右上)、Lower_left(左下)、Lower_right(右下)四个位置的对应字段中,如图 9. 11 所示。

图 9.10　第 1 关中需要标定的位置

```
1  #task1(identify_nums)
2  Upper_left:
3  - [0.7815542221069336, 0.2551143169403076, -0.801680104604133]
4  Upper_right:
5  - [0.7852835655212402, -0.1368497908115387, 1.6121061744151546]
6  Lower_left:
7  - [0.38394010066986084, 0.2544133961200714, -0.030116922735585777]
8  Lower_right:
9  - [0.41053304076194763, -0.1719951331615448, 0.8269998281119745]
```

图 9.11　第 1 关的 yaml 文件

2. 第 2 关中需要标定的位置

如图 9. 12 所示,将 Roban 机器人分别移动到图中的 1、2、3、4、5 五个位置上,打开第

二关的 SLAM 标定文件(slam_path_tracking. yaml),将 slam 位置信息填在 yaml 文件中,如图 9.13 所示。当然,用户可以根据需要自行增减定位点。

图 9.12　第 2 关中需要标定的位置

```
2   #task2(path_tracking)
3   path_tracking_points:
4   - [1.162179250717163, -0.2532321512699127, -74.31030259246064]
5   - [1.1977787494659424, -0.5080815553665161, -96.26501013653345]
6   - [1.030150577545166, -0.7430684566497803, -114.03807661000775]
7   - [0.9218567514419556, -1.0152184963226318, -79.66960014032038]
8   - [1.0933642129898071, -1.2548428869247437, -85.07184236607075]
```

图 9.13　第 2 关的 yaml 文件

3. 第 3 关中需要标定的位置

如图 9.14 所示,在第 3 关中需要标记 4 个点,打开第三关的 SLAM 标定文件(slam_path_tracking. yaml),将 slam 位置填在 yaml 文件对应的字段中,如图 9.15 所示。需要注意的是,在位置 2(detect pos)中需要在摄像头中同时看到两个方块的位置。

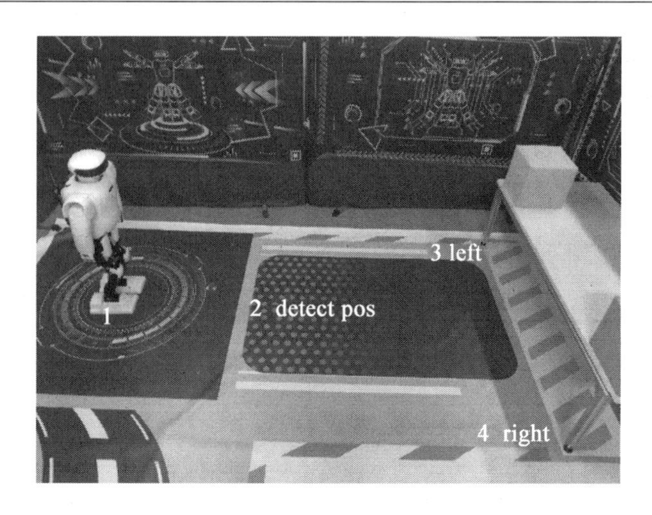

图 9.14　第 3 关中需要标定的位置

```
#task3()
origin_pos:
- [0.9670212268829346, -1.669734239578247, 174.41166943841503]
detect_pos:
- [0.7741307020187378, -1.6685031652450562, 164.59744391182747]
left_box_pos:
- [-0.03423610329627991, -1.846736192703247, 162.94237753138523]
right_box_pos:
- [0.11747488379478455, -1.0463930368423462, 163.76694091917602]
```

图 9.15　第 3 关的 yaml 文件

9.3　任务程序代码解析

任务挑战赛中的每个关卡都以 Task_* *.py 的形式被单独封装起来(关卡名用* *代替),可以在主程序 roban_challenge_main.py 中被导入(import),并通过多重继承的方式实例化为一个节点,从而将需要的关卡串联起来,顺序执行。也可以对每个关卡的封装文件 Task_□□.py 单独进行测试。在运行关卡程序之前,需要确保 SLAM 程序已经运行。

本节以主程序文件和第 1、2、3 关的独立封装文件为例,介绍 Roban 机器人在完成任务挑战赛时的基本工作原理。

9.3.1　主程序代码解析

主程序的任务是将各个关卡程序串联起来,顺序执行,以完成任务挑战赛的全部比赛。主程序的存储路径为 robot_ros_application/catkin_ws/src/ros_actions_node /scripts/game/2022 /caai_roban_challenge/higher_vocational_schools/scripts/roban_challenge_main.

py。这里使用 VS Code 集成开发环境打开主程序源代码,如图 9.16 所示。

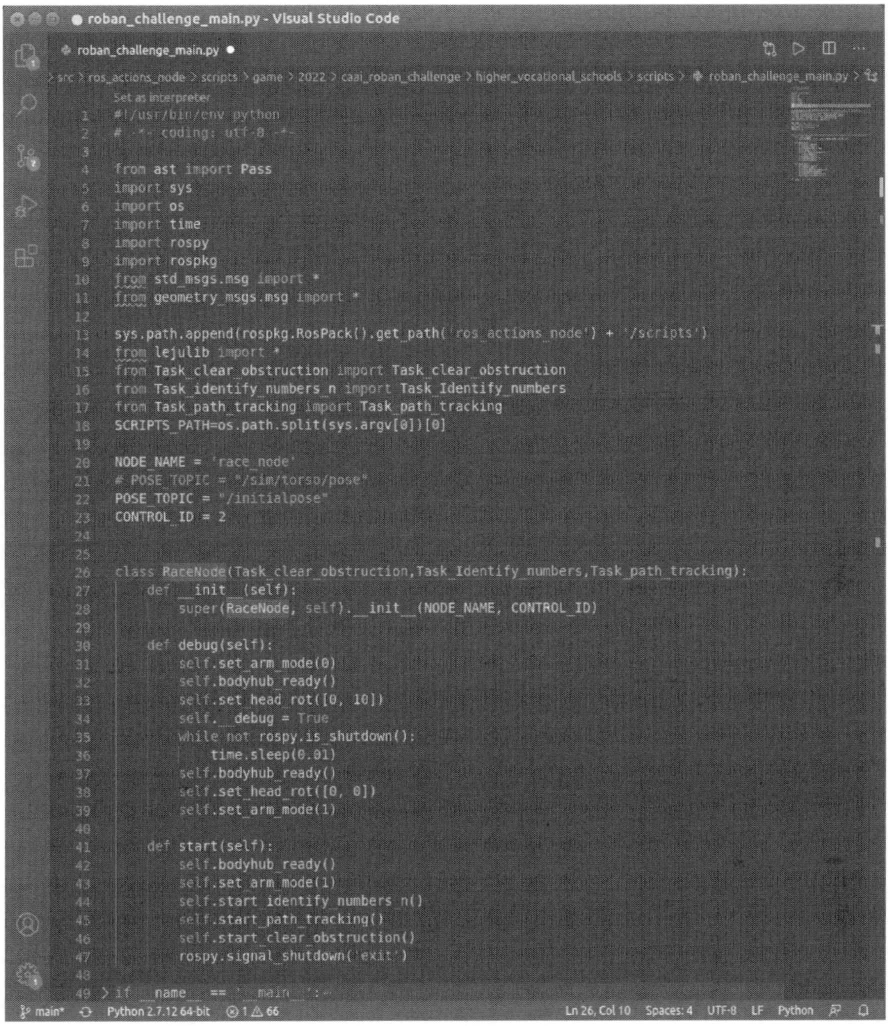

```python
#!/usr/bin/env python
# -*- coding: utf-8 -*-

from ast import Pass
import sys
import os
import time
import rospy
import rospkg
from std_msgs.msg import *
from geometry_msgs.msg import *

sys.path.append(rospkg.RosPack().get_path('ros_actions_node') + '/scripts')
from lejulib import *
from Task_clear_obstruction import Task_clear_obstruction
from Task_identify_numbers_n import Task_Identify_numbers
from Task_path_tracking import Task_path_tracking
SCRIPTS_PATH=os.path.split(sys.argv[0])[0]

NODE_NAME = 'race_node'
# POSE_TOPIC = "/sim/torso/pose"
POSE_TOPIC = "/initialpose"
CONTROL_ID = 2


class RaceNode(Task_clear_obstruction,Task_Identify_numbers,Task_path_tracking):
    def __init__(self):
        super(RaceNode, self).__init__(NODE_NAME, CONTROL_ID)

    def debug(self):
        self.set_arm_mode(0)
        self.bodyhub_ready()
        self.set_head_rot([0, 10])
        self.__debug = True
        while not rospy.is_shutdown():
            time.sleep(0.01)
        self.bodyhub_ready()
        self.set_head_rot([0, 0])
        self.set_arm_mode(1)

    def start(self):
        self.bodyhub_ready()
        self.set_arm_mode(1)
        self.start_identify_numbers_n()
        self.start_path_tracking()
        self.start_clear_obstruction()
        rospy.signal_shutdown('exit')

if __name__ == '__main__':...
```

图 9.16　主程序源代码

程序代码的解释如下。

第 20、23 行:分别给出了 NODE_NAME 和 CONTROL_ID 两个参数的值。

第 22 行:定义 POSE_TOPIC 为/initialpose,SLAM 位置信息都是通过订阅/initialpose 话题获得的。

第 26 ~ 47 行:定义 RaceNode 类,其中第 41 行定义了 start( )函数,并在第 43 ~ 46 行依次调用各个关卡的 start( )函数,执行各个关卡的入口程序。

主程序的任务是将各个关卡程序串联起来,每个关卡程序里面都有一个 Task_ * * 类(class)继承自 PublicNode,在 Task_ * * 类中也都有一个 start_ * * 类函数作为该关卡的入口,初始化时传入 NODE_NAME 和 CONTROL_ID 即可实例化一个节点。主程序分别导入各个关卡程序的 Task_ * * 类后,RaceNode 通过多重继承将需要的关卡对应的

start_ * * 函数继承,然后在类函数 start( )中进行调用,即可依次执行对应关卡程序。

各个关卡程序可以在主程序被调用,并依次执行,同时每个关卡封装的文件 Task_ * * . py 也可以单独运行进行测试。要运行所有关卡的测试,可以在终端中输入如下命令,刷新环境变量,运行主程序:

```
$ source ~/robot_ros_application/catkin_ws/devel/setup.bash
$ python ~/robot_ros_application/catkin_ws/src/ros_actions_node/scripts/game/2022/caai_roban_challenge/higher_vocational_schools/scripts/roban_challenge_main.py
```

9.3.2 任务 1 代码解析

高职版挑战赛第 1 关的任务是走迷宫,识别出数字“1”在四个备选位置中的哪一个,然后走过去即可。数字识别使用的是 OpenCV 里面的模板匹配,有能力的同学也可以换成更高效、适应性更强的特征匹配方法。

任务 1 文件存储路径为 robot_ros_application/ catkin_ws/ src/ ros_actions_node/ scripts/ game/ 2022/ caai_roban_challenge/ higher_vocational_schools/ scripts/ Task_identify_numbers_n. py。

程序源代码如图 9.17 所示。

```python
#!/usr/bin/env python
# -*- coding: utf-8 -*-
import cv2 as cv
import urllib as url
import sys
import os
import math
import time
import numpy as np
import rospy
import rospkg
import yaml
from std_msgs.msg import *
from geometry_msgs.msg import *

sys.path.append(rospkg.RosPack().get_path('ros_actions_node') + '/scripts')
from lejulib import *
from frames import RobanFrames
from public import PublicNode
SCRIPTS_PATH=os.path.split(sys.argv[0])[0]

NODE_NAME = 'identify_numbers_n_node'
CONTROL_ID = 2
SNAPSHOT_HEAD_URL = 'http://localhost:8080/snapshot?topic=/camera/color/image_raw'
POINTS = [[135, 132], [487, 136], [0, 422], [640, 422]]
ROI_RANGE = [88, 124, 440, 270]
MIN_AREA_OF_NUMBER_FRAME = 5500
MODEL_NUMBER_IMG_DIR_PATH = '/home/lemon/robot_ros_application/catkin_ws/src/ros_actions_node\
    /scripts/game/2022/caai_roban_challenge/higher_vocational_schools/number_img/'
MODEL_NUMBER_IMG_FILEPATH = MODEL_NUMBER_IMG_DIR_PATH + '1.jpg'
with open(os.path.join(SCRIPTS_PATH,"slam_identify_num_n.yaml"),"r")as f:
    SLAM_POINT=yaml.load(f)
    print(SLAM_POINT)
class Identifier():
    def get_eye_camera_img(self):
        try:
            url_response = url.urlopen(SNAPSHOT_HEAD_URL)
        except IOError as err:
            rospy.logerr(err)
            exit(2)
        head_camera_img_data = np.asarray(bytearray(url_response.read()), dtype='uint8')
        head_camera_img = cv.imdecode(head_camera_img_data, cv.IMREAD_COLOR)
        return head_camera_img
```

(a)第1~44行

图 9.17 第 1 关的程序源代码

```python
    def cal_perspective_params(self,origin_img, points):
        origin_img_size = (origin_img.shape[1], origin_img.shape[0])
        src = np.float32(points)
        dst = np.float32([[0, 0], [origin_img_size[0], 0], [0, origin_img_size[1]],
                          [origin_img_size[0], origin_img_size[1]]])
        M = cv.getPerspectiveTransform(src, dst)
        M_inverse = cv.getPerspectiveTransform(dst, src)
        return M, M_inverse

    def img_perspect_transform(self,origin_img):
        M, M_inverse = self.cal_perspective_params(origin_img, POINTS)
        img_size = (origin_img.shape[1], origin_img.shape[0])
        perspective_img = cv.warpPerspective(origin_img, M, img_size)
        return perspective_img

    def process_eye_img(self):
        origin_img = self.get_eye_camera_img()
        perspective_img = self.img_perspect_transform(origin_img)
        gray_img = cv.cvtColor(perspective_img, cv.COLOR_BGR2GRAY)
        _, thresh = cv.threshold(gray_img, 150, 255, cv.THRESH_BINARY)
        return thresh

    def match_number_one(self,model_img, origin_img):
        model_img_resized = cv.resize(model_img, dsize=(75, 75), fx=1, fy=1, interpolation=cv.I
        w, h = model_img_resized.shape[::-1]
        template_matched = cv.matchTemplate(origin_img, model_img_resized, cv.TM_SQDIFF_NORMED)
        min_val, max_val, min_loc, max_loc = cv.minMaxLoc(template_matched)
        upper_left_point = min_loc
        lower_right_point = (upper_left_point[0] + w, upper_left_point[1] + h)
        return upper_left_point, lower_right_point

    def get_num_n_pos(self):
        origin_thresh_img = self.process_eye_img()
        model_img = cv.imread(MODEL_NUMBER_IMG_FILEPATH, 0)
        upper_left_point, lower_right_point = self.match_number_one(model_img, origin_thresh_im
        center_of_matched_in_origin_img = ((upper_left_point[0] + lower_right_point[0]) / 2, (u
        center_of_origin_img = (origin_thresh_img.shape[::-1][0] / 2, origin_thresh_img.shape[:

        if center_of_matched_in_origin_img[0] < center_of_origin_img[0]:
            if center_of_matched_in_origin_img[1] < center_of_origin_img[1]:
                map_location_result = 'Upper_left'
            else:
                map_location_result = 'Lower_left'
        else:
            if center_of_matched_in_origin_img[1] < center_of_origin_img[1]:
                map_location_result = 'Upper_right'
            else:
                map_location_result = 'Lower_right'
        return map_location_result
```

(b)第45~94行

```python
class Task_Identify_numbers(PublicNode):
    def __init__(self,nodename=NODE_NAME,control_id=CONTROL_ID):
        super(Task_Identify_numbers, self).__init__(nodename, control_id)
        self.identifier=Identifier()
    def start_identify_numbers_n(self):
        self.bodyhub_ready()
        self.set_arm_mode(1)
        # self.bodyhub_walk()#导航到起点
        # self.path_tracking(SLAM_POINT["TASK1_origin_POINT"],mode=1)
        self.bodyhub_ready()
        self.frame_action(RobanFrames.squat_frames)
        time.sleep(0.5)
        pos=self.identifier.get_num_n_pos()
        print(pos,SLAM_POINT[pos])
        self.bodyhub_ready()
        self.set_head_rot([0, 10])
        self.bodyhub_walk()
        self.path_tracking(SLAM_POINT[pos],pos_wait_mode=1)
        self.bodyhub_ready()
        time.sleep(2)


if __name__ == '__main__':
    Task_Identify_numbers().start_identify_numbers_n()
```

(c)第95~118行

续图 9.17

程序代码的解释如下。

第 22 ~ 23 行:定义 NODE_NAME 和 CONTROL_ID 两个参数的值。

第 31 ~ 33 行:打开 slam_identify_num_n. yaml 文件,该文件记录了 1、2、3、4 四个数字的位置。每个关卡都有一个对应的 SLAM 标定文件(* . yaml 文件),详见 9. 2. 3 节。

第 34 ~ 94 行:定义 Identifier 类,用于识别任务数字。

第 35 ~ 43 行:定义 get_eye_camera_img 函数,用于获取头部摄像头的图像,函数返回 head_camera_img(头部摄像头图像)。

第 54 ~ 58 行:定义 img_perspect_transform 函数,用于图像的透视变换,输入参数为 origin_img(原图),调用了 cal_perspective_params 函数(第 45 ~ 52 行定义),函数返回 perspective_img(透视图)。

第 60 ~ 65 行:定义 process_eye_img 函数,用于对头部摄像头获取的图像进行处理。

第 67 ~ 74 行:定义 match_number_one 函数,输入参数为 model_img(模板图片)和 origin_img(原图),用于将 model_img 和 origin_img 进行模板匹配,调用了 OpenCV 的 matchTemp 算法,函数返回 upper_left_point(左上角点)和 lower_right_point(右下角点)。有能力的同学也可以将 OpenCV 里的模板匹配算法替换成更高效、适应性更强的特征匹配方法。

第 76 ~ 93 行:定义 get_num_n_pos 函数,用于确定数字 1 的位置在四个备选位置(Upper_left、Lower_left、Upper_right、Lower_right)中的哪一个。

综上所述,Identifier 类用于识别任务数字 1,调用 identifier. get_num_n_pos 函数,即可获取一次摄像头图像,并进行模板匹配,并确定数字 1 的位置。

第 95 ~ 114 行:定义 Task_Identify_numbers 类,继承自 PublicNode 类,初始化时传入 NODE_NAME 和 CONTROL_ID 即可实例化一个节点,用于执行第 1 关的任务。

第 99 ~ 114 行:定义 start_identify_numbers_n 函数,即第 1 关任务程序的入口函数。

第 107 行:调用了 identifier. get_num_n_pos 函数,用于确定任务数字 1 的位置(pos)。

第 111 行:调用了 bodyhub_walk 函数,机器人开始行走。

第 112 行:调用了 path_tracking 函数(循迹),并嵌套调用了 SLAM_POINT 函数,传入标记的路径点 pos,采用 SLAM(同步定位与建图)技术对 Roban 机器人的行走轨迹进行控制。

运行第 1 关的程序时,首先执行 RobanFrames 中的动作帧 squat_frames,该动作实现机器人弯腰并低头,用以看全地图上的四个位置,如图 9. 18 所示。如果无法识别数字位置,可以查看摄像头是否看清了四个数字的位置,可以移动机器人或者重新设计动作帧。在完全看到地图上四个数字位置仍不能识别时,应考虑更换 number_img 目录下的模板图片(一般不需要更换),模板图片需要从摄像头中获取。在 Identifier 类的 process_eye_img 函数中,使用 cv2. imwrite( )方法保存 gray_img 为图片,替换掉 higher_vocational_schools/

image 里面的图片模板即可(第 1 关的程序源代码第 60 行)。

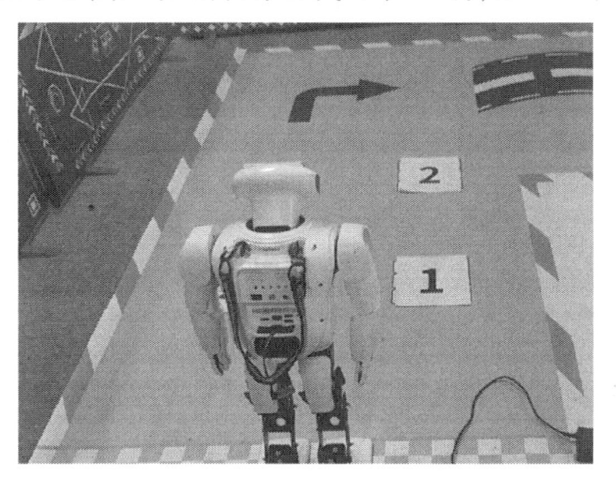

图 9.18 Roban 机器人弯腰、低头看清地面的数字

要单独测试第 1 关的程序源代码,可以在终端中输入如下命令,刷新环境变量,并运行第 1 关的程序:

```
$ source ~/robot_ros_application/catkin_ws/devel/setup.bash
$ python ~/robot_ros_application/catkin_ws/src/ros_actions_node/scripts/game/2022/caai_roban_challenge/higher_vocational_schools/scripts/Task_identify_numbers_n.py
```

9.3.3 任务 2 代码解析

第 2 关的任务是过 S 形的弯道,任务相对比较简单。任务 2 的源文件存储路径为 robot_ros_application/catkin_ws/src/ros_actions_node/scripts/game/2022/caai_roban_challenge /higher_vocational_schools/scripts/Task_path_tracking. py。程序源代码如图 9.19 所示。

程序代码的解释如下。

第 21、22 行:定义 NODE_NAME 和 CONTROL_ID 两个参数的值。

第 23 ~25 行:打开 slam_path_tracking. yaml 文件,该文件记录了 S 形弯道的几个关键点位置信息。每个关卡都有一个对应的 SLAM 标定文件(*. yaml 文件),详见 9.2.3节。

第 26 ~34 行:定义 Task_path_tracking 类,继承自 PublicNode 类,初始化时传入 NODE_NAME 和 CONTROL_ID 即可实例化一个节点,用于执行第 2 关的任务。

第 30 ~34 行:定义 start_path_tracking 函数,即第 2 关任务程序的入口函数。

第 32 行:调用了 bodyhub_walk 函数,机器人开始行走。

第 33 行:调用了 path_tracking 函数,并嵌套调用了 SLAM_POINT 函数,然后传入标记的路径点。

需要注意的是,path_tracking 函数的参数中,比如是否忽略角度、终点位置误差和等待 SLAM 定位稳定的时间等可以自行调节,以获得更好的性能。

```
● Task_path_tracking.py - Visual Studio Code
Task_path_tracking.py ●
application > catkin_ws > src > ros_actions_node > scripts > game > 2022 > caai_roban_challenge > higher_vocational_schools > scripts > Ta
Set as interpreter
1   #!/usr/bin/env python
2   # -*- coding: utf-8 -*-
3   import sys
4   import os
5   import math
6   import time
7   import numpy as np
8   import rospy
9   import rospkg
10  import yaml
11  from std_msgs.msg import *
12  from geometry_msgs.msg import *
13  import bodyhub_action as bodact
14
15  sys.path.append(rospkg.RosPack().get_path('ros_actions_node') + '/scripts')
16  from lejulib import *
17  from frames import RobanFrames
18  from public import PublicNode
19  SCRIPTS_PATH=os.path.split(sys.argv[0])[0]
20
21  NODE_NAME = 'path_tracking_node'
22  CONTROL_ID = 2
23  with open(os.path.join(SCRIPTS_PATH,"slam_path_tracking.yaml"),"r")as f:
24      SLAM_POINT=yaml.load(f)
25      print(SLAM_POINT)
26  class Task_path_tracking(PublicNode):
27      def __init__(self,nodename=NODE_NAME,control_id=CONTROL_ID):
28          super(Task_path_tracking, self).__init__(nodename, control_id)
29
30      def start_path_tracking(self):
31          self.set_arm_mode(1)
32          self.bodyhub_walk()
33          self.path_tracking(SLAM_POINT["path_tracking_points"],pos_wait_mode=1,
34                             wait_time=0.1,pos_exit_high_acc=False)
35
36  if __name__ == '__main__':
37      task=Task_path_tracking()
38      task.start_path_tracking()
39
main*  Python 2.7.12 64-bit  ⊗1 ⚠66        Ln 34, Col 28  Spaces: 4  UTF-8  LF  Python
```

图 9.19　第 2 关的程序源代码

要单独测试第 2 关的程序源代码,可以在终端中输入如下命令,刷新环境变量,并运行第 2 关的程序:

```
$ source ~/robot_ros_application/catkin_ws/devel/setup.bash
$ python ~/robot_ros_application/catkin_ws/src/ros_actions_node/scripts/game/2022/caai_roban_challenge/higher_vocational_schools/scripts/Task_path_tracking.py
```

9.3.4　任务 3 代码解析

第 3 关的任务为清除障碍物,识别出目标障碍物在桌上的左边还是右边,然后上前将其推倒即可,相对难度比较大。任务 3 的文件存储路径为 robot_ros_application/catkin_

ws /src/ros _ actions _ node/scripts/game/2022/caai _ roban _ challenge/higher _ vocational _ schools/scripts/Task_clear_obstruction. py。程序源代码如图 9.20 所示。

```
23
24  SCRIPTS_PATH=os.path.split(sys.argv[0])[0]
25  IMAGE_TOPIC = '/camera/color/image_raw'
26  NODE_NAME = 'clear_obstruction_node'
27  CONTROL_ID = 2
28  TARGET_BOX_COLOR="blue"
29
30  with open(os.path.join(SCRIPTS_PATH,"slam_clear_obstruction.yaml"),"r")as f:
31      SLAM_POINT=yaml.load(f)
32      print(SLAM_POINT)
33  def show_img(name, img):
34      cv2.imshow(name, img)
35      k = cv2.waitKey(1)
36
37  class HSVColor:
38      yellow_low = np.array([1, 160, 140])
39      yellow_high = np.array([80, 215, 260])
40
41      blue_low = np.array([70,120, 100])
42      blue_high = np.array([110, 250, 190])
43
44      red_low = np.array([0, 43, 46])
45      red_high = np.array([10, 255, 255])
46
```

图 9.20　第 3 关的程序源代码第 23 ~ 46 行

程序代码的解释如下。

第 25 行:定义 IMAGE_TOPIC,程序中通过订阅/camera/color/image_raw 话题来获取摄像头的图像数据。

第 26、27 行:定义 NODE_NAME 和 CONTROL_ID 两个参数的值,在主程序通过多重继承将各个关卡代码初始化为节点时会用到这两个参数。

第 28 行:定义了 TARGET_BOX_COLOR,即目标物体的颜色。如果程序的任务改为识别其他颜色,将需要识别的颜色替换掉"blue"字样即可。

第 30 ~ 32 行:打开 slam_clear_obstruction. yaml 文件,该文件记录了第 3 关任务的起点位置、中途发现目标物体几个关键点位置信息。每个关卡都有一个对应的 SLAM 标定文件(* . yaml 文件),详见 9.2.3 节。

第 37 ~ 45 行:定义 HSVColor 类,用于确定目标物体颜色的阈值,识别指定颜色的目标物体。

在图 9.21 所示的程序代码中,定义 Box_color_detecter 类,颜色的识别主要在该类中实现。其中,通过订阅/camera/color/image_raw 话题(IMAGE_TOPIC)获得摄像头的图像数据;通过 get_box_pos 函数获得目标图题的位置信息。

在关卡 3 中的 2 号位置(detect pos)就应该开始读取颜色识别结果,因此要确保位置 2 可以看到两个目标物,如图 9.22 所示。

```
46
47  class Box_color_detecter():
48      def __init__(self,debug=False):
49          self.sub=rospy.Subscriber(IMAGE_TOPIC, Image, self.image_callback)
50          self.cv_bridge = CvBridge()
51          self.__debug=debug
52          self.detecter=Detect_thread(self,debug=debug)
53          self.detecter.start()
54
55      def image_callback(self,msg):
56          if self.detecter.detecting or  not self.detecter.runing:#in busy or exit
57              time.sleep(0.02)
58              return
59          try:
60              img =  self.cv_bridge.imgmsg_to_cv2(msg, 'bgr8')
61          except CvBridgeError as err:
62              rospy.logerr(err)
63          self.detecter.update_frame(img)
64      def get_box_pos(self):
65          if self.detecter.pos_updated:
66              self.detecter.pos_updated=False
67              return self.detecter.pos
68          else:
69              rospy.logwarn("pos not update!!")
70              return None
71      def stop_detecter(self):
72          self.detecter.runing=False
73          self.sub.unregister()
74          rospy.loginfo("color detecter exit!")
75
```

图 9.21　第 3 关的程序源代码第 46～75 行

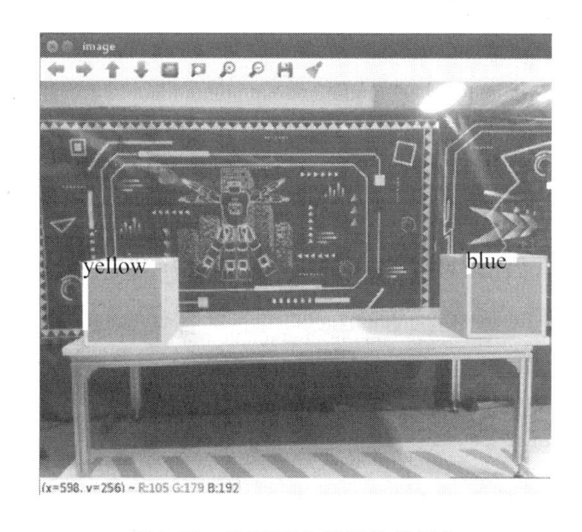

图 9.22　识别两个目标物的颜色

单独测试第 3 关的程序源代码时，可以带 debug 参数，即可进入颜色识别 debug（调试）模式。在终端中输入如下命令：

$ source ~/robot_ros_application/catkin_ws/devel/setup.bash

$ python ~/robot_ros_application/catkin_ws/src/ros_actions_node/scripts/game/2022 /caai_roban_challenge/higher_vocational_schools/scripts/Task_clear_

```
obstruction.py debug
```

在 debug 模式下，可以点击图像窗口中的目标物体来获取点击处的 HSV 值（颜色值），如图 9.24 所示，然后以该 HSV 值为中心，适当取上下阈值填入 HSVColor 类对应颜色的上、下限中即可（第 3 关程序的第 37 ~45 行，如图 9.20 所示）。当需要识别的颜色改变或识别不准确时可以采用此方法进行校准。

```
('fps: 19.73, detect time(ms): 3.71', (77, 159), (314, 153))
[ 17 196 209]
('fps: 30.38, detect time(ms): 6.47', (77, 159), (314, 153))
('fps: 31.47, detect time(ms): 4.25', (77, 159), (314, 153))
('fps: 32.11, detect time(ms): 4.64', (77, 158), (314, 153))
('fps: 17.47, detect time(ms): 7.43', (77, 159), (314, 153))
('fps: 18.07, detect time(ms): 4.62', (77, 159), (314, 153))
[ 17 195 209]
('fps: 30.12, detect time(ms): 6.07', (77, 159), (314, 153))
('fps: 28.17, detect time(ms): 4.78', (77, 159), (314, 153))
('fps: 32.00, detect time(ms): 4.71', (77, 159), (314, 153))
('fps: 21.32, detect time(ms): 20.01', (77, 159), (314, 153))
[ 17 191 212]
('fps: 19.68, detect time(ms): 3.75', (77, 159), (314, 153))
('fps: 32.04, detect time(ms): 4.97', (77, 159), (314, 153))
('fps: 30.82, detect time(ms): 4.50', (77, 159), (314, 153))
('fps: 33.08, detect time(ms): 3.97', (77, 158), (314, 153))
[ 17 196 210]
('fps: 30.71, detect time(ms): 6.25', (77, 159), (314, 154))
('fps: 31.66, detect time(ms): 4.37', (77, 159), (314, 153))
('fps: 32.74, detect time(ms): 3.93', (77, 159), (314, 153))
('fps: 17.10, detect time(ms): 11.77', (77, 158), (314, 153))
('fps: 19.31, detect time(ms): 5.00', (78, 158), (314, 153))
```

图 9.23 目标点的 HSV 值

正确识别目标障碍物之后，机器人需要“走上前去”将目标障碍物“推倒”。这些动作可以由 PC 端的 Roban 软件生成动作帧，详见 8.3 节。机器人的动作帧统一存放在比赛源码目录的 frames. py 文件的 RobanFrames 类变量中，如图 9.24 所示。

```
class RobanFrames:

    hang_up_left_arm_frames = {"1":[[[1000,0],[0,0],[0,0]]],"2":[[[1000,-1.5],[0,0],

    hang_up_right_arm_frames = {"1":[[[1000,0],[0,0],[0,0]]],"2":[[[1000,-1.5],[0,0]

    left_action_frames= {"1":[[[0,0],[0,0],[153,0]],[[510,0],[-153,0],[204,0]],[[119

    right_action_frames= {"1":[[[0,0],[0,0],[129,0]],[[430,0],[-129,0],[222,0]],[[11

    right_disarm_frames = {"1":[[[0,0],[0,0],[234,0]],[[780,0],[-234,0],[123,0]],[[1

    left_disarm_frames = {"1":[[[0,0],[0,0],[237,0]],[[790,0],[-237,0],[180,0]],[[13

    take_frames = {"1":[[[0,0],[0,0],[207,0]],[[690,0],[-207,0],[237,0]],[[1480,0],[

    squat_frames = {"1":[[[1500,0],[0,0],[0,0]]],"2":[[[1500,-1.5],[0,0],[0,0]]],"3"
```

图 9.24 动作帧 frames. py 文件

9.4 本章小结

本章以仿人形机器人的全自主挑战赛(高职版)为例,介绍了场地布置和挑战赛的任务。以 Roban 中型仿人机器人为例,介绍了完成该项赛事所需的准备工作,机器人自主导航与定位的方法(ORB - SLAM2),以及如何设计机器人程序,协调各关卡对应程序代码的运行,让机器人独立完成各项挑战任务。

参考文献

[1] 融亦鸣,朴松昊,冷晓琨. 仿人机器人建模与控制[M]. 北京:清华大学出版社,2021.

[2] 何苗,马晓敏,陈晓红. 机器人操作系统基础[M]. 北京:机械工业出版社,2022.

[3] 蒋畅江,罗云翔,张宇航. ROS 机器人开发技术基础[M]. 北京:化学工业出版社,2022.

[4] 约瑟夫. 机器人操作系统(ROS)入门必备[M]. 曾庆喜,朱德龙,王龙军,译. 北京:机械工业出版社,2019.

[5] 纽曼 S. ROS 机器人编程原理与应用[M]. 李笔锋,祝朝政,刘锦涛,译. 北京:机械工业出版社,2019.

[6] MORGAN QUIGLEY,BRIAN GERKEY,WILLIAM D SMART. ROS 机器人编程实践[M]. 张天雷,李博,谢远帆,等译. 北京:机械工业出版社,2018.

[7] 周兴杜,杨刚,王岚,等. 机器人操作系统 ROS 原理与应用[M]. 北京:机械工业出版社,2017.

[8] 胡春旭. ROS 机器人开发实践[M]. 北京:机械工业出版社,2018.

[9] KUMAR BIPIN. ROS 机器人编程实战[M]. 李华锋,张志宇,译. 北京:人民邮电出版社,2020.

[10] 戈贝尔 R. ROS 入门实例(修订版)[M]. 刘振东,李家能,刘栋,等译. 广州:中山大学出版社,2016.

[11] 甘地那坦,约瑟夫. ROS 机器人项目开发 11 例(原书第 2 版)[M]. 潘丽,陈媛媛,徐茜,等译. 2 版. 北京:机械工业出版社,2021.

[12] 费尔柴尔德,哈曼. ROS 机器人开发:实用案例分析[M]. 吴中红,石章松,潘丽,等译. 北京:机械工业出版社,2018.

[13] 陶满礼. ROS 机器人编程与 SLAM 算法解析指南[M]. 北京:人民邮电出版社,2020.

[14] 马哈塔尼,桑切斯,费尔南德斯,等. ROS 机器人高效编程(原书第 3 版)[M]. 张瑞雷,刘锦涛,译. 北京:机械工业出版社,2017.

[15] 约瑟夫,卡卡切. 精通 ROS 机器人编程(原书第 2 版)[M]. 张新宇,张东杰,等译. 2 版. 北京:机械工业出版社,2019.

[16] 丁亮,曲明成,张亚楠,等. ROS2 源代码分析与工程应用[M]. 北京:清华大学出

版社,2019.

[17] 贾蓬. ROS 机器人编程实践[M]. 张瑞雷,李静,顾人睿,等译.北京:机械工业出版社,2021.

[18] 唐炜,张仁远,樊泽明. 基于 ROS 的机器人设计与开发[M]. 北京:科学出版社,2022.

[19] 隋金雪,张锐,邢建平. 基于 ROS 的智能汽车设计与实训教程[M]. 北京:清华大学出版社,2022.

[20] 杰森. 机器人操作系统浅析[M]. 肖军浩,译. 北京:国防工业出版社,2016.

[21] 张虎. 机器人 SLAM 导航:核心技术与实战[M]. 北京:机械工业出版社,2021.

[22] 陈孟元. 移动机器人 SLAM、目标跟踪及路径规划[M]. 北京:北京航空航天大学出版社,2017.

[23] 徐本连,鲁明丽. 机器人 SLAM 技术及其 ROS 系统应用[M]. 北京:机械工业出版社,2021.

[24] 陶满礼. ROS 机器人编程与 SLAM 算法解析指南[M]. 北京:人民邮电出版社,2020.

[25] 高翔,张涛,刘毅,等. 视觉 SLAM 十四讲 从理论到实践[M]. 2 版. 北京:电子工业出版社,2019.